高等教育美术专业与艺术设计专业“十三五”规划教材

Photoshop 实训教程

Photoshop SHIXUN JIAOCHENG

主 编 蒲 军 鲍雯婷

西南交通大学出版社

·成都·

内 容 简 介

Adobe Photoshop是当前最流行的专业图像处理软件，其强大的功能为设计师提供了广阔的创意空间和无限的表现手法。Photoshop的应用领域非常广泛，在平面设计、插画设计、影像处理、动漫设计、网页设计、印刷出版等各方面都有涉及。

图书在版编目（CIP）数据

Photoshop实训教程 / 蒲军，鲍雯婷主编．—成都：西南交通大学出版社，2016.7

高等教育美术专业与艺术设计专业"十三五"规划教材

ISBN 978-7-5643-4830-4

Ⅰ．①P… Ⅱ．①蒲… ②鲍… Ⅲ．①图象处理软件－高等学校－教材 Ⅳ．①TP391.41

中国版本图书馆CIP数据核字（2016）第172007号

高等教育美术专业与艺术设计专业"十三五"规划教材

Photoshop实训教程

主编 蒲 军 鲍雯婷

责任编辑 宋彦博
特邀编辑 秦明峰
封面设计 姜宜彪

出版发行 西南交通大学出版社
（四川省成都市二环路北一段111号
西南交通大学创新大厦21楼）
电 话 028-87600564 028-87600533
邮政编码 610031
网 址 http: //www.xnjdcbs.com

印 刷 河北鸿祥印刷有限公司
成品尺寸 185 mm×260 mm
印 张 10.25
字 数 223千字
版 次 2016年7月第1版
印 次 2016年7月第1次
书 号 ISBN 978-7-5643-4830-4
定 价 69.50元

版权所有 侵权必究 举报电话：028-87600562
教材中所使用的部分图片，仅限于教学。由于无法及时与作者取得联系，希望作者尽早联系。电话：010-64429065

前　言

Adobe Photoshop是当前最流行的专业图像处理软件，其强大的功能为设计师提供了广阔的创意空间和无限的表现手法，因此被广泛地运用到平面设计、印刷出版等领域，深深植根于当今的数字生活中。它的影响如此之大，以至于“PS”已经成为一个动词——用于描述对数字图片的修改。

《Photoshop实训教程》作为艺术设计类专业的一本教材，主要目标就是教会学生Photoshop软件的基础操作与应用技巧。本教材避免了常规枯燥的“逐一菜单命令式”讲解，也避免了就Photoshop的某一特定版本讲解，而是从Photoshop的核心概念入手，围绕着Photoshop最主要和最常用的核心功能展开，结合案例教学，进行相应菜单命令、面板选项的分析讲解。这种方式的目的在于激发初学者的兴趣，使学习者能够迅速掌握软件基本功能，避免了菜单式讲授的枯燥和乏味，同时又保证了讲授内容的完整性与逻辑性。

全书共分为9章，每章都由“知识阐述”“课题训练”和“总结归纳”3部分构成，围绕软件主要功能，配合案例操作步骤讲解相关知识点。

本书内容主次有序，深入浅出、新颖独特且通俗易懂，但受编者学识、教材篇幅和撰稿时间所限，所涉及知识仍有不足之处，望读者批评提正。

作　者

2016年4月

目　　录

第1章 图像的概念、查看和移动

——简单而重要的入门知识

什么是图像大小？什么是画布大小？打开一个文件，学会通过导航器、信息和直方图面板来了解它。

【知识阐述】

1.1 位图图像和矢量图形

1.1.1 位图图像

位图图像是使用像素表现的图像。每个像素都分配有特定的位置和颜色值。位图图像是连续色调图像（如照片或数字绘画）最常用的电子媒介，因为它们可以更有效地表现阴影和颜色的细微层次。通常的数码照片都属于位图图像。

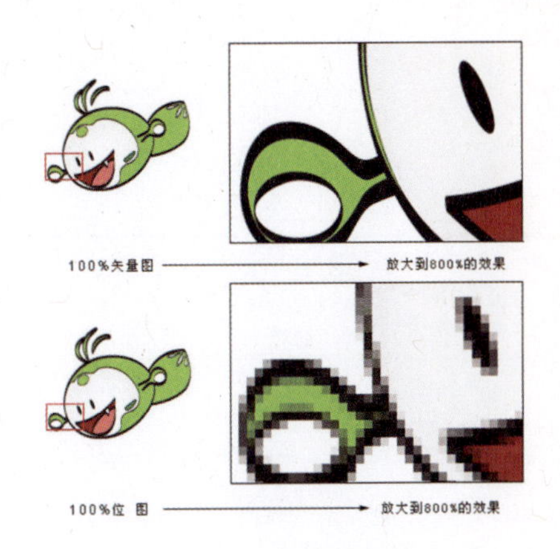

图1-1-1 位图与矢量图的对比

1.1.2 矢量图形

矢量图形是由称作矢量的数学对象定义的直线和曲线构成的。矢量图形根据图像的几何特征对图像进行描述。您可以任意移动或修改矢量图形，而不会丢失细节或影响清晰度，因为矢量图形是与分辨率无关的（如图1-1-1所示）。

矢量图可以很容易地转化成位图，但是位图转化为矢量图需要比较复杂的运算和手工调节，并且会失真。

1.2 像素大小和分辨率

位图图像的像素大小（图像大小或高度和宽度）是指沿图像的宽度和高度测量出的像素数目。分辨率是指位图图像细节精细度，测量单位是像素/英寸 (ppi)。每英寸的像素越多，分辨率越高。一般来说，图像的分辨率越高，得到的印刷图像的质量就越好。像素大小和分辨率决定了图像的数据大小，也就是文件大小。

1.3 文件大小和格式

图像的文件大小与图像的像素大小成正比。图像中包含的像素越多，在给定的打印尺寸上显示的细节也就越丰富，但需要的磁盘存储空间也会越多，而且编辑和打印的速度也会更慢。影响文件大小的另一个因素是文件格式。即使像素大小相同，以不同格式保存的文件大小差异也会很大。

1.4 常用的文件格式

1.4.1 PSD格式

是Photoshop默认的文件格式，其他Adobe应用程序（如 Adobe Illustrator、Adobe InDesign、Adobe Premiere、Adobe After Effects和Adobe GoLive）均可以直接导入PSD文件并保留许多Photoshop功能。

PSD文件保存了图层、文字属性、通道、样式等重要功能要素，所以使用Photoshop进行设计工作时都应保存PSD原文件，以便于后期的调整。

1.4.2 TIFF格式

是一种灵活的位图图像格式，受几乎所有的绘画、图像编辑和页面排版应用程序的支持。而且，几乎所有的桌面扫描仪都可以产生 TIFF 图像。TIFF 格式支持存储Photoshop图层、通道和透明度。

TIFF格式可以保证图像品质，是印刷行业中的通用图像格式。

1.4.3 JPEG格式

是最常用的一种压缩格式，可以有效减少文件的保存大小。JPEG格式图像压缩级别越高，得到的图像品质越低；压缩级别越低，得到的图像品质越高。JPEG 格式支持 CMYK、RGB 和灰度颜色模式，但不支持透明度。

通常，JPEG格式更适用于网络传送、电子阅览、网页设计等要求较小文件的场合。

快捷键Tab可以快速隐藏左侧的工具面板和右侧的浮动面板，使得中间的工作区域最大化。再次按下Tab返回初始状态。

快捷键F可以快速切换工作区显示的三种不同状态，能够快速隐藏掉非工作区之外的菜单和面板。

【课题训练】

1.5 Photoshop 软件界面与工具箱概览

1.5.1 熟悉软件界面

运行Photoshop，打开图像文件后，软件的初始界面如图1-5-1所示。Photoshop 的软件界面会因软件版本和具体设置而稍显不同，但总体布局差异不大。可以根据工作需求，对工作区和浮动功能面板进行自定义设置。

图1-5-1 软件界面

A-选项卡式“文档”窗口；B-主菜单；C-工具面板；D-工具选项栏；E-浮动面板组

当打开多幅图片文件时，可以点击排列文档图标，在下拉菜单中的多种排列模式中选择（如图1-5-2所示）。请对选项逐一进行操作练习，以加深理解。

快捷键Ctrl + Tab 可以循环切换打开的文档，快捷键Ctrl +Shift+ Tab可以反向循环切换。

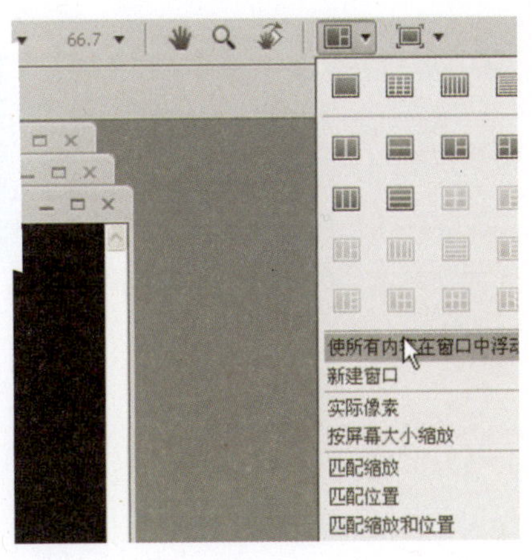

图1-5-2 排列文档

界面右侧的浮动面板默认为“基本功能”，可以通过菜单命令“窗口”>“工作区”根据实际工作需要来选择不同的功能面板组合，也可点击 基本功能 ▾ 图标，在下拉菜单中根据工作需要进行切换（如图1-5-3所示）。

在“窗口”菜单中，罗列出了所有的功能浮动面板。

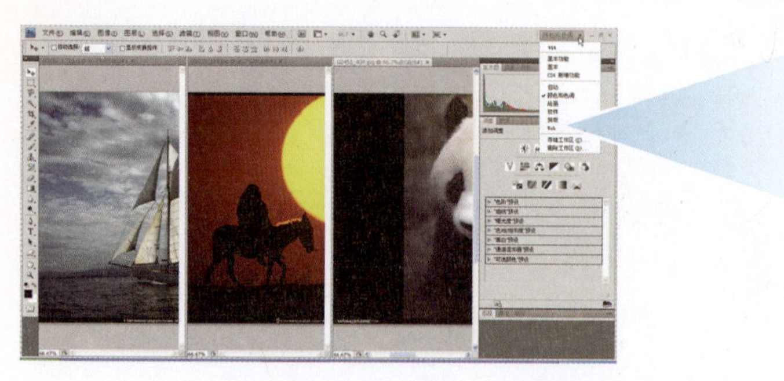

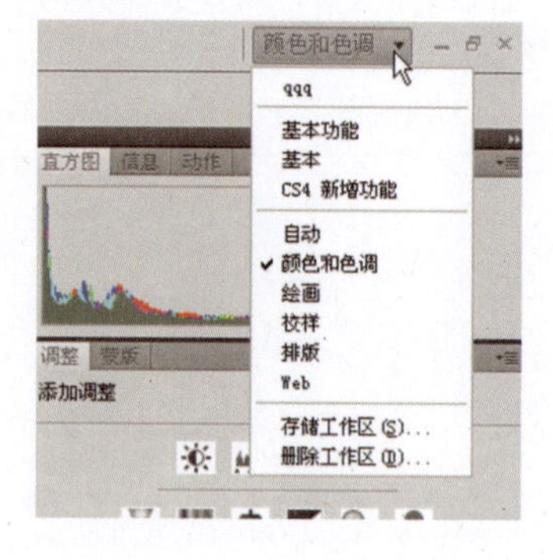

图1-5-3 工作区

1.5.2 了解工具箱

启动 Photoshop 时，“工具” 面板将显示在屏幕左侧，在上侧的“工具”选项栏中提供关于工具的更多选项。使用这些工具，您可以输入文字，选择、绘制、编辑、移动、注释和查看图像，或对图像进行取样。其他工具可让您更改前景色/背景色，以及在不同的模式中工作（如图1-5-4所示）。

可以展开某些工具以查看它们后面的隐藏工具。用鼠标左键点按工具图标右下角的小三角形即可弹出更多隐藏工具。将鼠标的指针停留在工具上，便可以查看有关该工具的信息。

A 选择工具
- ■ 移动 (V)*
- ■ 矩形选框 (M)
- 椭圆选框 (M)
- 单列选框
- 单行选框
- ■ 套索 (L)
- 多边形套索 (L)
- 磁性套索 (L)
- ■ 快速选择 (W)
- 魔棒 (W)

B 裁剪和切片工具
- ■ 裁剪 (C)
- 切片 (C)
- 切片选择 (C)

C 测量工具
- ■ 吸管 (I)
- 颜色取样器 (I)
- 标尺 (I)
- 注释 (I)
- 计数 (I)†

D 修饰工具
- ■ 污点修复画笔 (J)
- 修复画笔 (J)
- 修补 (J)
- 红眼 (J)
- ■ 仿制图章 (S)
- 图案图章 (S)
- ■ 橡皮擦 (E)
- 背景橡皮擦 (E)
- 魔术橡皮擦 (E)
- ■ 模糊
- 锐化
- 涂抹
- ■ 减淡 (O)
- 加深 (O)
- 海绵 (O)

E 绘画工具
- ■ 画笔 (B)
- 铅笔 (B)
- 颜色替换 (B)
- ■ 历史记录画笔 (Y)
- 历史记录艺术画笔 (Y)
- ■ 渐变 (G)
- 油漆桶 (G)

F 绘图和文字工具
- ■ 钢笔 (P)
- 自由钢笔 (P)
- 添加锚点
- 删除锚点
- 转换点
- ■ 横排文字 (T)
- 直排文字 (T)
- 横排文字蒙版 (T)
- 直排文字蒙板 (T)
- ■ 路径选择 (A)
- 直接选择 (A)
- ■ 矩形 (U)
- 圆角矩形 (U)
- 椭圆 (U)
- 多边形 (U)
- 直线 (U)
- 自定形状 (U)

G 导航 & 3D 工具
- ■ 3D 旋转 (K)†
- 3D 滚动 (K)†
- 3D 平移 (K)†
- 3D 滑动 (K)†
- 3D 比例 (K)†
- ■ 3D 环绕 (N)†
- 3D 滚动视图 (N)†
- 3D 平移视图 (N)†
- 3D 移动视图 (N)†
- 3D 缩放 (N)†
- ■ 抓手 (H)
- 旋转视图 (R)
- ■ 缩放 (Z)

■指示默认工具 *显示在括号中的键盘快捷键 †仅限 Extended

图1-5-4 工具箱概览

1.5.3 Photoshop 首选项设置

在首次使用Photoshop时，建议对软件进行相关设置，以保证工作的顺利进行。选取“编辑”>“首选项”，在弹出的下级菜单中进行设置。其中包括常规显示选项、文件存储选项、性能选项、光标选项、透明度选项、文字选项、增效工具和暂存盘选项等（如图1-5-5所示）。

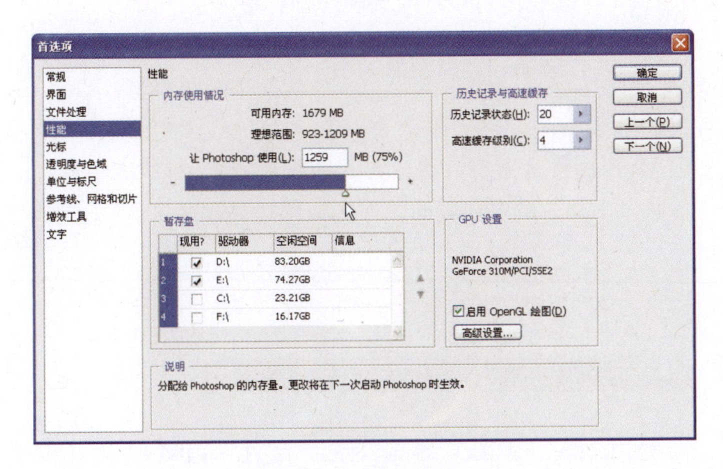

图1-5-5 首选项对话框

“首选项”面板中，重点需要设置的是“性能”和“单位与标尺”两项。如图所示，“性能”中的内存使用情况一般设置为让Photoshop使用75%，暂存盘一般设置为非系统盘符，或是剩余空间最大的盘符，以保证Photoshop的顺利运行。“单位与标尺”中的标尺与文字单位根据实际需要而设置，一般标尺单位为毫米，文字单位为点。

1.6 缩放工具、抓手工具和导航器面板

1.6.1 使用缩放工具和抓手工具

在查看图片时，如果需要放大或者缩小图片的显示，则使用工具面板中的缩放工具进行操作，默认状态为每点击一次放大一倍。如需要缩小，在软件界面上方的工具选项区中可以进行切换（如图1-6-1所示）。请对选项逐一进行操作练习，以加深理解。

图1-6-1 缩放工具选项

在放大图片时，图片显示往往会超出屏幕窗口大小。为了便于查看窗口之外的区域，使用工具面板中的抓手工具 可以任意方向地移动画面。

使用缩放工具时，按下Alt键可以迅速切换放大和缩小状态。

在任何工具状态下，按住Alt键同时转动鼠标滚轮，可以迅速放大和缩小画面；按住Ctrl键加+号或者－号键，也可以达到同样目的。

在任何工具状态下，按下空格键可以迅速切换到抓手工具功能。按住Ctrl同时转动鼠标滚轮，可以快速在水平方向移动画面；按住Shift同时转动鼠标滚轮，可以快速在垂直方向移动画面。

当同时打开多个图片时，按住Shift键并使用抓手工具或缩放工具，可以对所有图片同时进行移动或者放大缩小。

1.6.2 使用导航器

也可以使用软件界面右侧的“导航器” 面板的缩览图显示来快速查看图像。“导航器”中的红色框内（称为代理视图区域）对应于窗口中的当前可查看区域（如图1-6-2所示）。

图1-6-2 导航器面板

1.7 图像的大小与分辨率设置

1.7.1 查看和调整图像大小

在 Photoshop 中，打开任意一个文件，选取“图像”>“图像大小”，可以在“图像大小” 对话框中查看图像大小和分辨率之间的关系（如图1-7-1所示）。

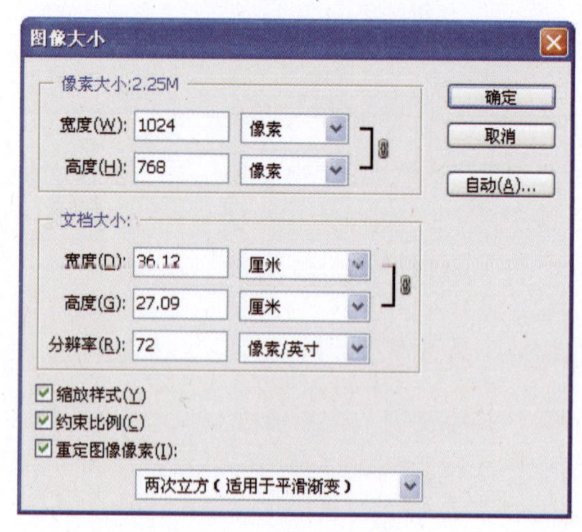

图1-7-1 图像大小对话框

分辨率的设定取决于图像的使用目的。通常用于网页、电子书、多媒体光盘等电子显示的场合，分辨率设定为72像素/英寸即可；若用于高质量的印刷和打印输出，分辨率一般设定为300像素/英寸。

图像大小对话框中，分别有像素大小和文档大小两个数值的设定区域。其中像素大小的宽度和高度数值分别表示图片上横向和纵向的像素个数，文档大小的宽度和高度数值分别表示图片的打印输出尺寸，而文档大小的分辨率设定则表示了打印输出时的清晰度（也称为精度）。

当默认勾选了“约束比例”选项时，更改宽度和高度数值当中的任意一项，另外一项也会按原比例自动改变；反之，则会改变原有宽高的比例关系。

当默认勾选了“重定图像像素”选项时，若更改宽度和高度数值，就会改变图像的大小；如果不勾选“重定图像像素”选项（如图1-7-2所示），对话框中的像素大小数值则为固定值，只能改变文档大小的宽度、高度和分辨率的数值，分辨率越小，文档的宽度和高度就越大，反之亦然。

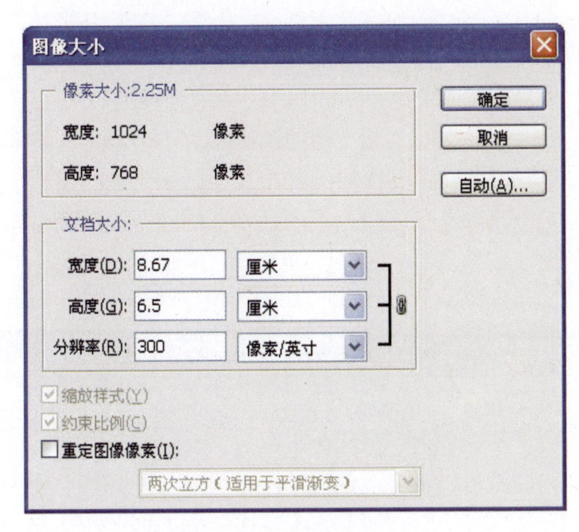

图1-7-2 图像大小对话框

1.7.2 学习新建文件

当开始新的工作任务时，新建文件的文件大小和分辨率的设置非常重要。虽然后期可以通过“图像大小”对话框进行调整，但是调整往往会降低图像质量。选取“文件”>“新建”，在弹出的“新建”对话框中进行相关设置（如图1-7-3所示）。

新建文件的设定取决于图像的使用目的。

通常用于网页、电子书、多媒体光盘等电子显示的场合，分辨率设定为72像素/英寸，宽度和高度的单位设置为像素，色彩模式设置为RGB颜色；

若用于高质量的印刷和打印输出，分辨率设定为300像素/英寸，宽度和高度的单位设置为厘米或者毫米，色彩模式设置为CMYK颜色。

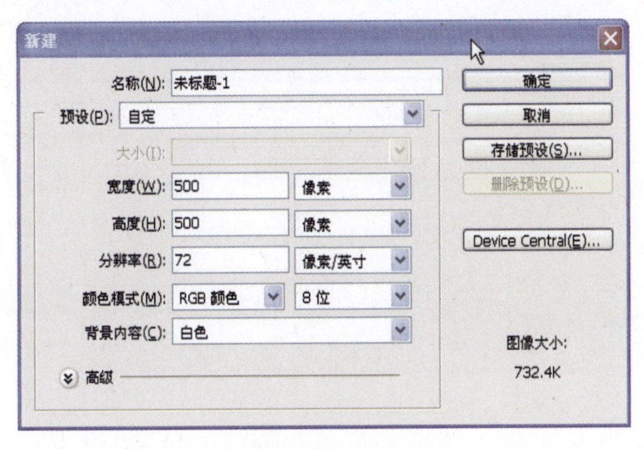

图1-7-3 新建对话框

1.8 图像与画布的自由调整

“画布大小”对话框中，“定位”设置的意思是，单击某个箭头方块以表示现有图像在新画布上的位置，默认为居中位置。

1.8.1 调整图像与画布的大小

点击“图像”>“图像大小”，在弹出的对话框中可以调整图像的像素大小与文档大小，其中的设置方法可以参照“新建”对话框设置。

点击“图像”>“画布大小”，在弹出的对话框中您可以增大或减小图像的画布大小（如图1-8-1所示）。画布大小是图像的完全可编辑区域。增大画布的大小会在现有图像周围添加空间，减小图像的画布大小会裁剪图像。如果增大带有透明背景的图像的画布大小，则添加的画布是透明的，如果图像没有透明背景，则添加的画布的颜色将由几个选项决定。

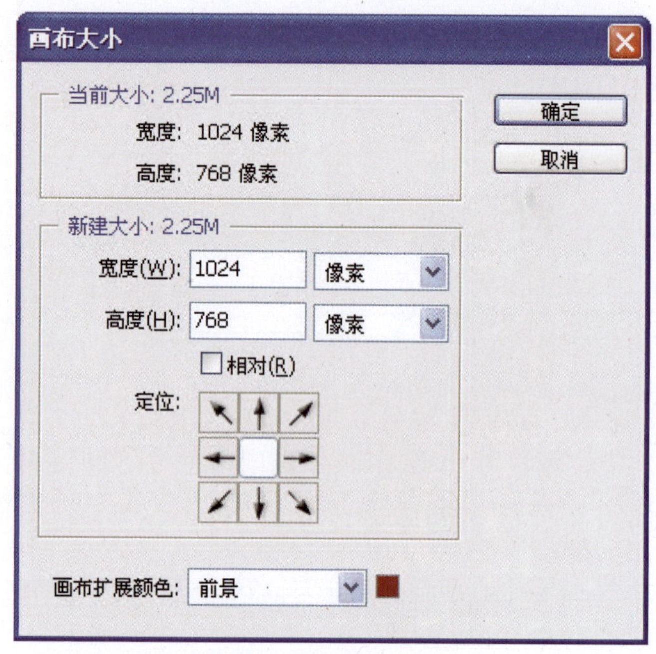

图1-8-1 画布大小对话框

1.8.2 灵活使用裁剪工具

如需要裁剪图像，最直观的方式是使用“裁剪”工具，在画面上按住鼠标左键来拖放出需要保留的区域（如图1-8-2所示）。

通过调整裁剪框四周的节点可以灵活调整裁剪区域。当鼠标移到节点上时会变为相应的缩放箭头，按住左键拖放即可。当鼠标移到裁剪区域以外时，鼠标会变为相应的旋转箭头，按住左键即可旋转此区域（如图 1-8-3所示）。

当裁剪区域调整好后，在区域内双击鼠标执行裁剪命令。

当需要取消裁剪，按ESC键即可。

图1-8-2 裁剪

图1-8-3 旋转裁剪

通过裁剪工具的选项设置（如图1-8-4所示），输入宽度、高度和分辨率数值，可以精确设定裁剪区域的大小。例如要将多张图像裁剪成统一的大小，就可以通过裁剪预设值来达到目的。

图1-8-4 裁剪工具选项

1.8.3 使用图像旋转命令

点击菜单“ 图像”>“ 图像旋转”下的命令（如图1-8-5所示），可以整体旋转图像或者翻转画布。请对命令逐一进行操作练习，以加深理解。

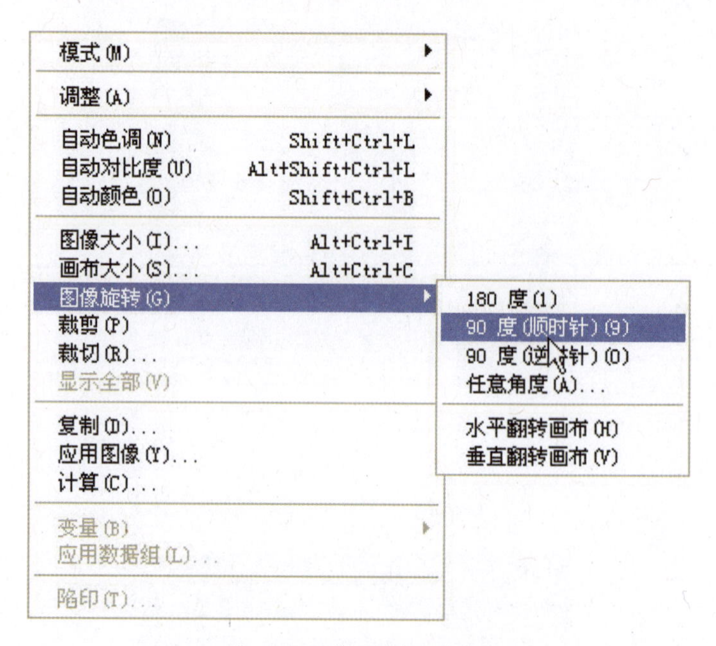

图1-8-5 图像旋转命令菜单

【总结归纳】

通过本章节的学习，读者应理解位图和矢量图、图像和图形、像素、分辨率、文件格式等基本概念；熟悉Photoshop 的软件界面，并根据设计目的进行界面的调整；学习如何打开一个图像文件并灵活地缩放和移动查看；学习如何新建一个图像文件并依据设计目的进行相关设置；理解像素大小和文件大小之间的关系；学习运用“图像大小”“画布大小”和“图像旋转”命令，配合“裁切”工具，完成图像的准确裁剪以及自由地旋转和翻转图像。

第2章 色彩与绘画工具

——尽情地涂抹与自由地描绘

Photoshop的颜色和色板面板提供了千变万化的色彩，让调色变得简单而直观，同时还具有强大的绘画功能。你想绘制一幅动漫插画，或者是一个用于广告中的创意图形，甚至是模拟出真实的水彩或者油画笔触肌理？丢掉传统的纸笔和颜料吧，在Photoshop中体验数字绘画的魅力！在熟练地掌握这些工具的操作性能之后，你一定会喜欢上它！

【知识阐述】

2.1 色彩模式

2.1.1 RGB颜色模式

该模式由自然界中光的三原色的混合原理发展而来，R、G、B分别代表红色（Red）、绿色（Green）、蓝色（Blue）。它在理论上可以还原自然界中存在的任何颜色。

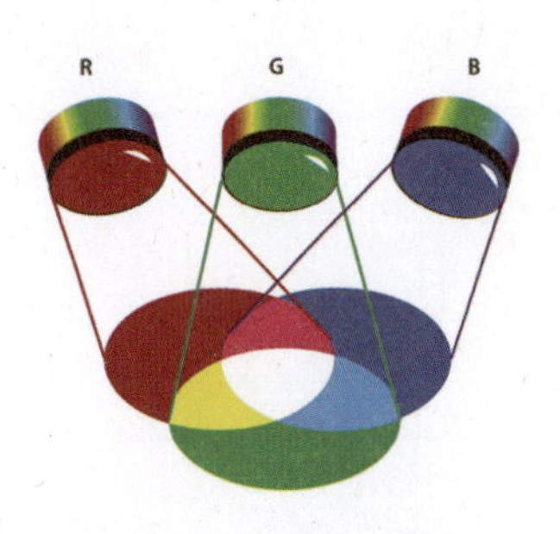

图2-1-1 RGB加色模式

RGB颜色模式是一种加色模式（如图2-1-1所示），加色的原色是指三种色光（红色、绿色和蓝色），当按照不同的组合将这三种色光添加在一起时，可以生成可见色谱中的所有颜色。添加等量的红色、蓝色和绿色光可以生成白色，完全缺少红色、蓝色和绿色光将导致生成黑色。

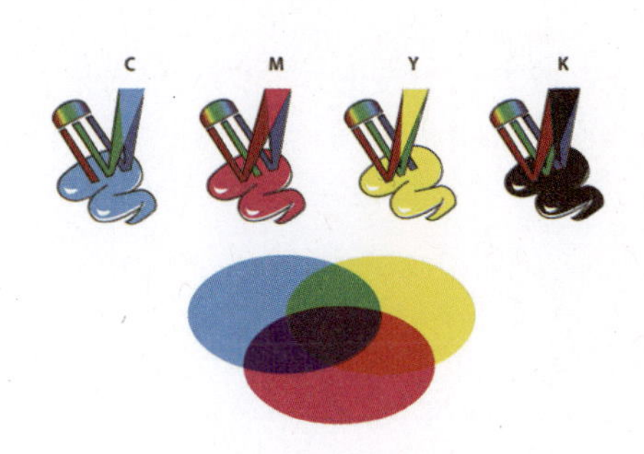

图2-1-2 CMYK减色模式

RGB色彩模式是目前运用最广泛的色彩模式之一，它能适应多种输出的需要，并能较完整地还原图像的颜色信息。如现在大多数的显示屏、RGB打印、多种写真输出设备都需要用RGB色彩模式的图像来输出。

2.1.2 CMYK颜色模式

该模式是一种减色模式（如图2-1-2所示），它和印刷中油墨配色的原理相同，由青（Cyan）、洋红（Magenta）、黄（Yellow）、黑（Black）四种颜色混合而成。例如，橙色是通过将洋红色和黄色进行减色混合创建的。

与显示器不同，打印机和印刷机使用减色原色，并通过减色混合来生成颜色。由于输出过程中颜色信息的损失、输出技术和环境的限制，CMYK模式实际上能产生的颜色数量比RGB模式少。

由于CMYK模式所能产生的颜色数量要比RGB模式产生的颜色数量少，所以当RGB模式的图像转换为CMYK模式后，图像的颜色信息会有明显的损失，特别在一些较鲜亮的地方。但当CMYK模式的图像转换为RGB模式时，在视觉上不会产生变化。

在RGB模式下可以使用“视图”>“校样颜色”命令模拟CMYK转换后的效果，而无须真正的更改图像数据。

2.1.3 灰度模式

该模式是在图像中使用不同的灰度级，其表现方式用油墨的覆盖浓度来表示，0%为白色，100%为黑色。当彩色图像转换成灰度模式后，图像会去掉颜色信息，以灰度显示图像，类似黑白照片的效果。

2.1.4 双色调模式

该模式相当于用不同的颜色来表示灰度级别，其深浅由颜色的浓淡来实现。只有灰度模式能直接转换为双色调模式。该模式通过一至四种自定油墨创建单色调、双色调（两种颜色）、三色调（三种颜色）和四色调（四种颜色）的灰度图像，其表现原理就像“套印”，可以使用尽量少的颜色表现尽量多的颜色层次，产生特殊的效果。

2.2 填色工具和色彩浮动面板

2.2.1 前景色、背景色

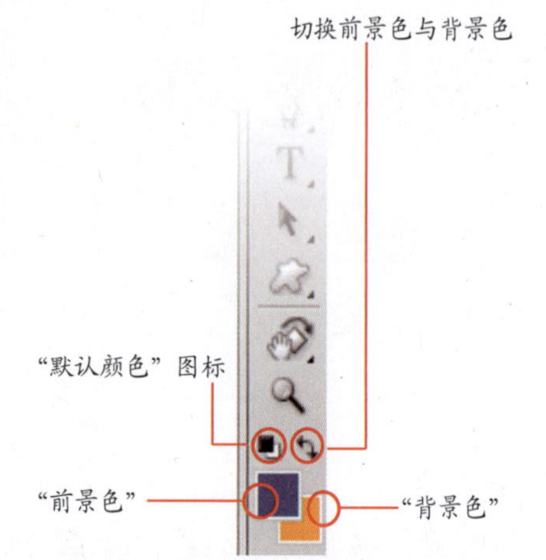

图2-2-1 工具箱中的“前景色”和“背景色”

Photoshop使用前景色来绘画、填充和描边选区，使用背景色来生成渐变填充和在图像已涂抹的区域中填充。一些特殊效果和滤镜也使用前景色和背景色。

默认前景色是黑色，背景色是白色。可以使用吸管工具、“颜色”面板、“色板”面板或拾色器指定新的前景色或背景色。

在工具面板的最下部，是前景色与背景色的设置区域（如图2-2-1所示）。

快捷键X可以迅速切换前景色与背景色。

快捷键D可以迅速将前景色与背景色恢复为默认的黑白两色。

2.2.2 “颜色”面板

显示当前前景色和背景色的颜色值。点击“颜色”面板右上角打开颜色滑块，可以利用几种不同的颜色模型来编辑前景色和背景色，也可以从显示在面板底部的四色曲线图中的色谱中选取前景色或背景色（如图2-2-2所示）。

图2-2-2 “颜色”面板

2.2.3“色板”面板

“色板”面板可存储经常使用的颜色，也可以在面板中添加或删除颜色，或者为不同的项目显示不同的颜色库。

点击“色板”面板右上角可以载入多种色板，点击“复位色板”命令可以恢复默认色板（如图2-2-3所示）。

2.2.4 拾色器窗口

单击工具栏上的“前景色”框或“背景色”框，就会弹出拾色器窗口（如图2-2-4所示）。

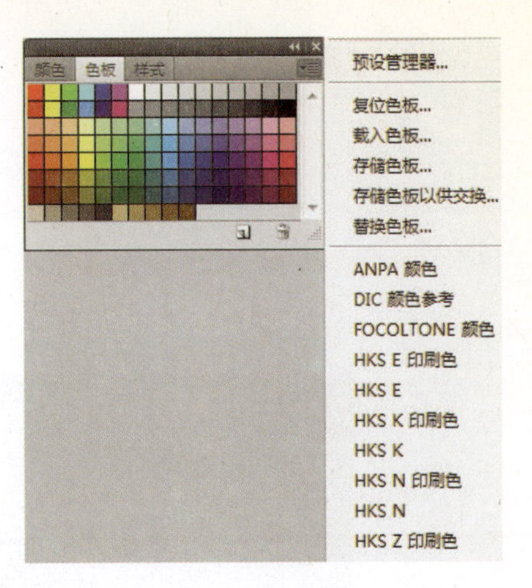

图2-2-3 “色板”面板

当鼠标移到色板上时，将自动切换到“吸管工具”状态，点击鼠标即可吸取前景色。按住Ctrl键点击鼠标可以吸取背景色。

当鼠标移到色板上的空白处时，将自动切换到“油漆桶工具”状态，点击鼠标即可保存当前的前景色到色板，以供重复使用。

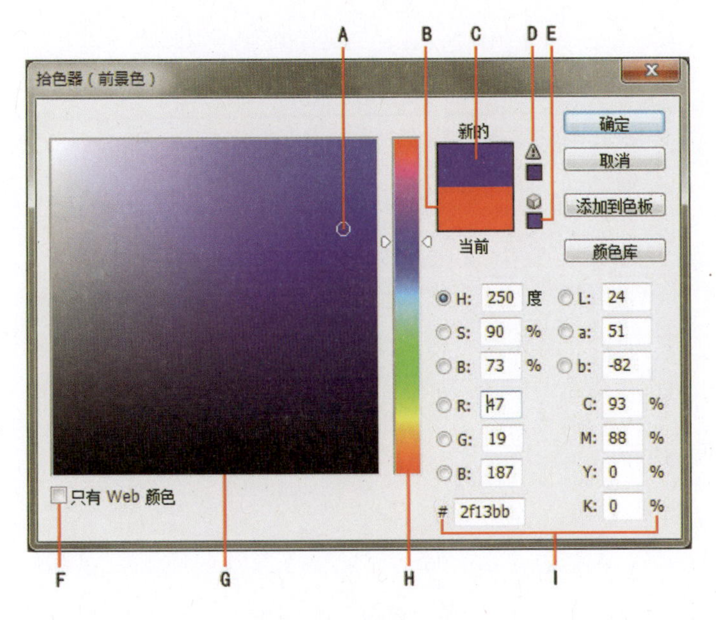

图2-2-4 “拾色器”窗口

A-拾取的颜色；B-原稿颜色；C-调整后的颜色；D-“溢色”警告图示；E-“不是Web安全颜色”；F-仅显示Web安全颜色；G-色域；H-颜色滑块；I-颜色值

可以在A区域内点击鼠标拾取颜色，还可以在I区域内直接输入色彩的数值，例如：纯白色的三色色值分别为255、255、255。

点击“拾色器”窗口的“颜色库”按钮，可以在预设的颜色库中进行选择。

2.2.5 吸管工具

用来采集色样以指定新的前景色或背景色。可以从现用图像、“颜色”面板和“色板”面板中采集色样。例如，用吸管工具从打开的一张图片中来选择前景色（如图2-2-5所示）。

原图

取样点

选中的前景颜色

图2-2-5　使用吸管工具选择前景色

2.2.6 油漆桶工具

其主要作用是填充颜色，填充的方式为填充前景色或图案，其着色填充的范围由选项栏中的“容差值”决定。

容差用于定义一个颜色相似程度（相对于所单击的像素），一个像素必须达到此颜色相似度才会被填充。值的范围可以从0到255。低容差会填充颜色范围内与单击像素非常相似的像素，高容差则填充更大范围内的像素。简单来说，就是其值越大，填充的作用范围越大。

快捷键Alt+Backspace可以迅速将前景色填充到整个区域；快捷键Ctrl+Backspace可以迅速将背景色填充到整个区域。

2.2.7 渐变工具

其作用是产生逐渐变化的色彩，可以创建多种颜色间的逐渐混合。在屏幕上方的渐变工具选项栏内，可以对渐变的色彩、形式、叠加模式、透明度等进行更多的设置（如图2-2-6所示）。

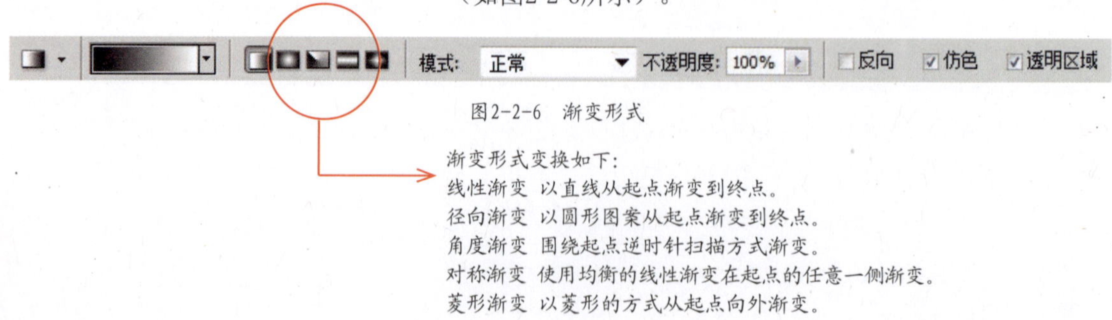

图2-2-6　渐变形式

渐变形式变换如下：
线性渐变　以直线从起点渐变到终点。
径向渐变　以圆形图案从起点渐变到终点。
角度渐变　围绕起点逆时针扫描方式渐变。
对称渐变　使用均衡的线性渐变在起点的任意一侧渐变。
菱形渐变　以菱形的方式从起点向外渐变。

打开渐变编辑器，主要是对渐变的颜色进行设置（如图2-2-7所示）。

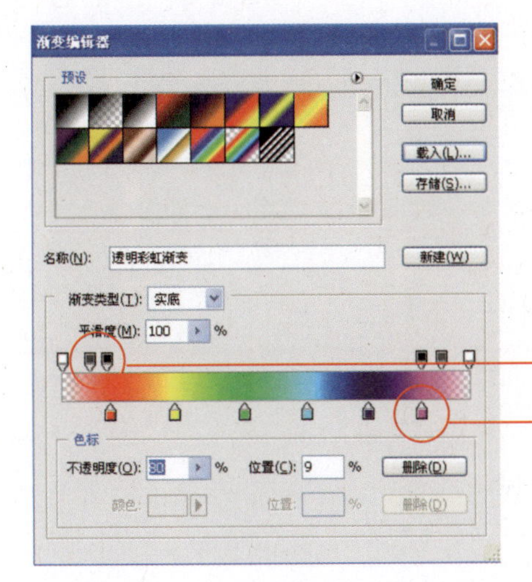

透明度控制点：在空白处点击即可添加一个控制点，向上拖动即可删除此控制点，左右位置可以拖动，在窗口下方的对话框内可以通过数值来设置其不透明度。

颜色控制点：在空白处点击即可添加一个控制点，向下拖动即可删除此控制点，左右位置可以拖动，在窗口下方的对话框内可以设置其色彩。

图2-2-7 “渐变编辑器”窗口

2.3 画笔工具与铅笔工具

画笔工具和铅笔工具都可在图像上以当前的前景色进行绘制。

画笔工具绘制的是柔边线条，铅笔工具绘制的是硬边线条。铅笔工具除了不能设置硬度以外，使用方法、设置选项等与画笔工具基本相同。

2.3.1 画笔工具

从工具栏中选择画笔工具，在画笔选项栏中分别可以设置画笔样式、画笔模式（关于“模式”在第5章中详细讲解）、不透明度和流量。

在画笔选项栏中点击画笔右侧的向下箭头，打开画笔设置窗口，在此处可以调节画笔的直径与硬度，或者打开预设的画笔样式（如图2-3-2所示）。

选中画笔工具，按住鼠标在画面中拖动，可以像传统绘画方式一样自由绘画；在此过程中持续按住Shift键，就可以约束角度，绘制水平或者垂直的直线；如果在起点处点击一下，然后按住Shift键点击终点处，就可以绘制出任意角度的直线。

快捷键B可以快速切换到画笔工具，如果选中铅笔按 Shift+B切换到画笔工具。

快捷键[ ]可以快速改变画笔或橡皮擦的大小。

使用数字键可以快速更改透明度数值，例如4就是40%，7+5就是75%。

在“首选项”窗口中可以设置绘画光标，也可以通过快捷键Caps Lock进行状态切换（如图2-3-1）。

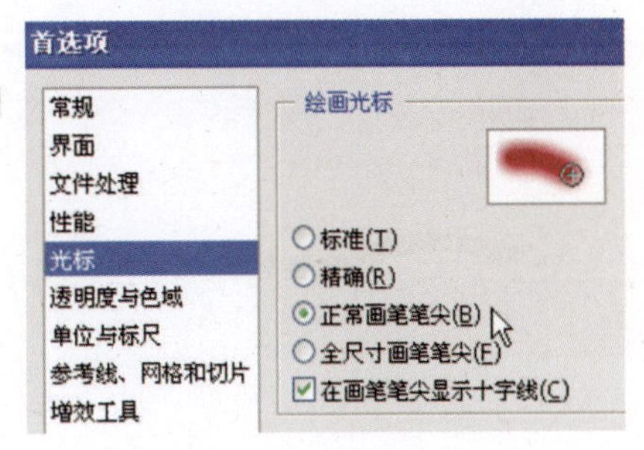

图2-3-1 首选项

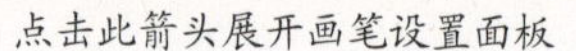

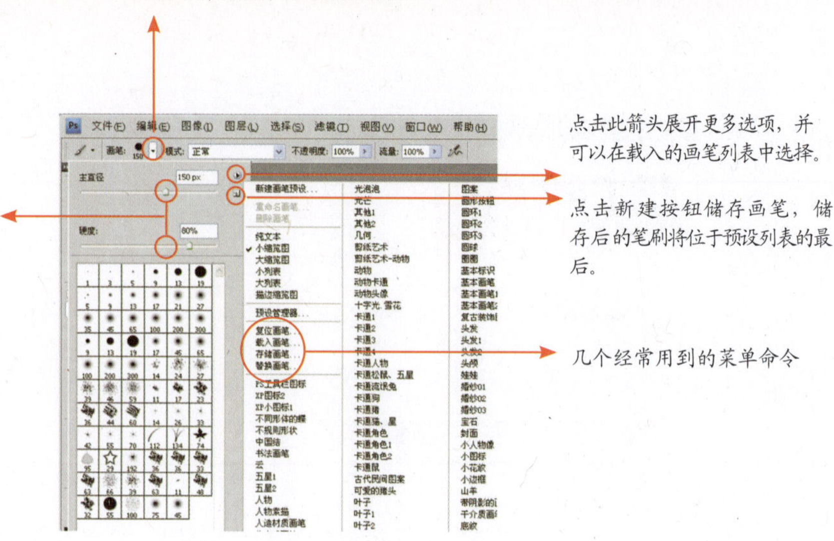

图2-3-2 画笔工具设置

2.3.2 画笔浮动面板

点击画笔选项栏右侧按钮（或选取“窗口”>“画笔”）可以调出画笔浮动面板，这里提供了关于笔刷的更多详细设定（如图2-3-3所示）。

在画笔浮动面板中，首先需要设置的是画笔笔尖形状；在此基础之上，又有形状动态、散布、纹理等十多个扩展的选项。由于画笔的设置选项众多，需要逐一尝试才能掌握。通过这些选项的设置，可以使画笔形态呈现出无穷的变化。特别是应用在插画领域，可以模拟出铅笔、蜡笔、油画笔等各种自然笔触效果。

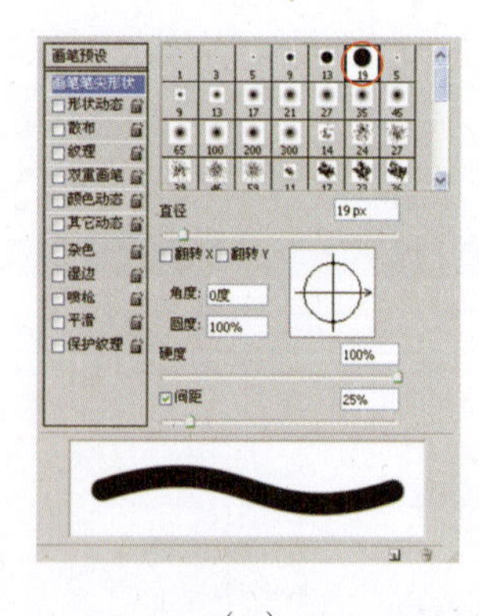

(a)

Step1 画笔笔尖形状选取默认的尖角19笔刷

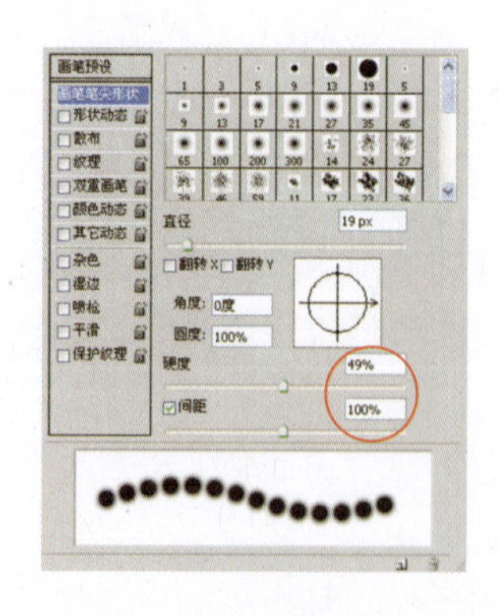

(b)

Step2 修改其硬度与间距后的效果

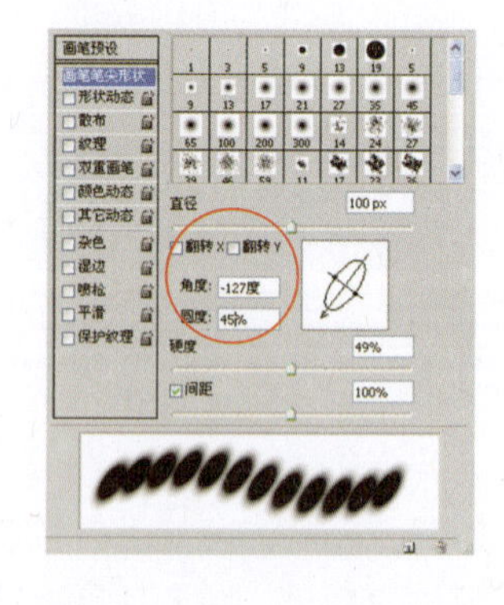

(c)

Step3 进一步修改其直径、角度与圆度的效果

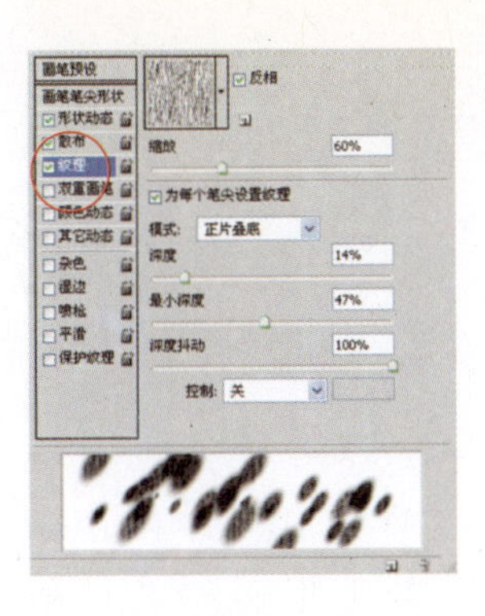

(d)

Step4 开启形状动态，设置渐隐可以使笔触产生从粗到细的效果

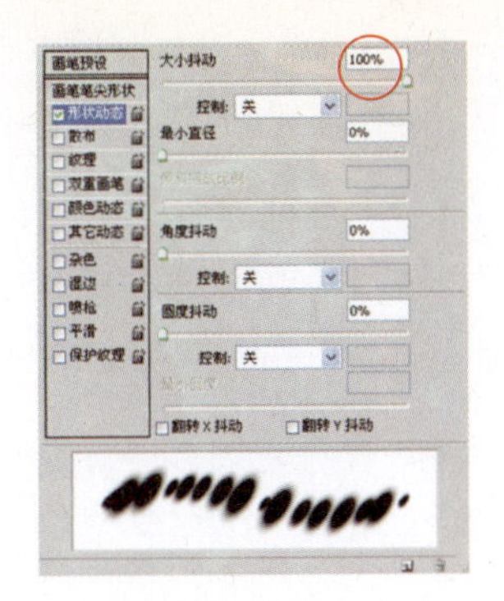

(e)

Step5 在形状动态中，关闭渐隐，设置大小抖动，可以使笔触产生粗细变化的自然效果

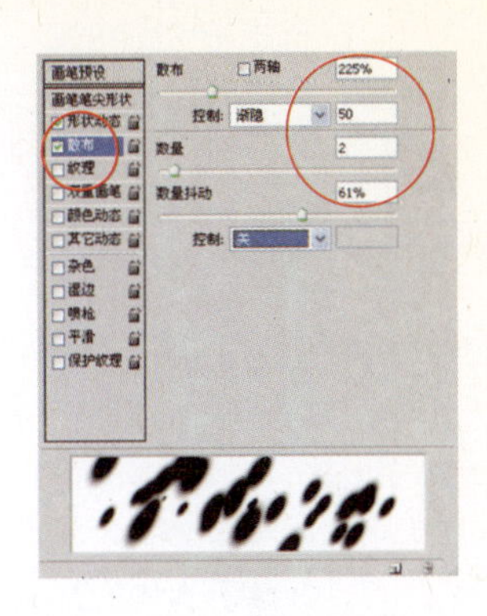

(f)

Step6 开启散布，笔刷的圆点并不局限于鼠标的轨迹上，而是随机的出现在轨迹周围的一定范围内。可以使笔触产生类似于毛笔散开的肌理效果

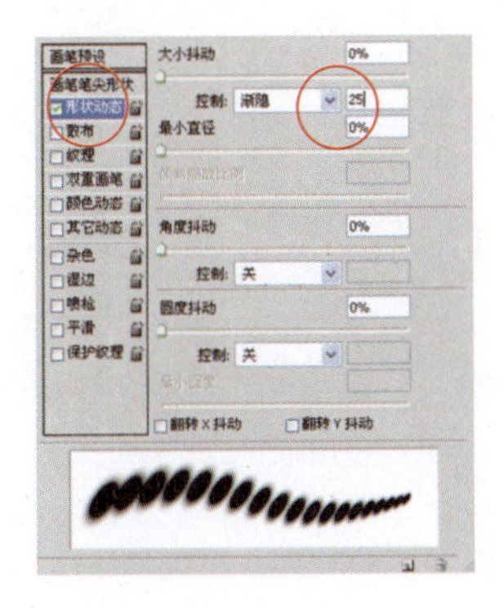

(g)

Step7 开启纹理，可以使笔触与预设的纹理叠加在一起，产生带有肌理效果的笔触，看起来像是在带纹理的画布上绘制一样

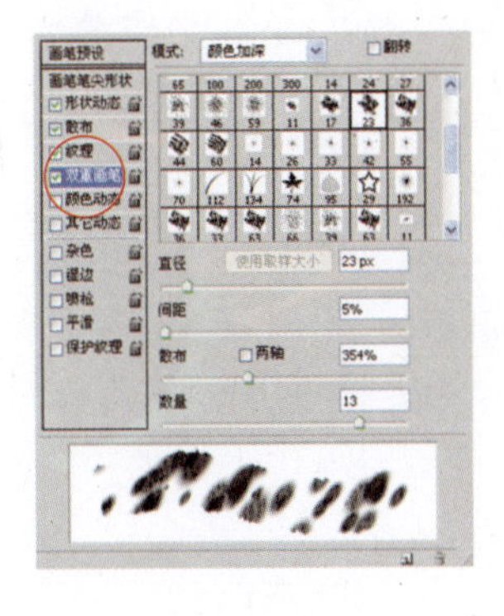

(h)

Step8 开启双重画笔，可以组合两个笔尖来创建画笔笔迹。将在主画笔的画笔描边内应用第二个画笔纹理，仅绘制两个画笔描边的交叉区域，产生复合的笔触效果

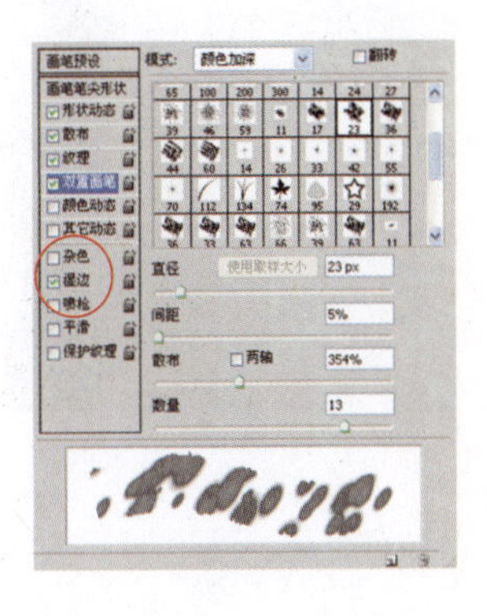

(i)

Step9 开启湿边，可以使笔触产生水渍的边缘，类似于水彩画或者霓虹灯的效果

图2-3-3 笔刷的设定

当在画笔选项栏中按下键或者在画笔浮动面板中选中“喷枪”选项，画笔就和传统的喷枪工具一样；当持续按住鼠标时，颜色会不断地加深。该工具尤其适合模仿喷枪绘画来描绘均匀过渡的色彩效果。

画笔浮动面板中，很多画笔效果中都有“控制”这一选项，其中的“钢笔压力”“钢笔斜度”“光笔轮”只有在安装了绘图板这一外设硬件后才能够启用，否则会在“控制”选项上显示一个感叹号图标(如图2-3-4所示)。

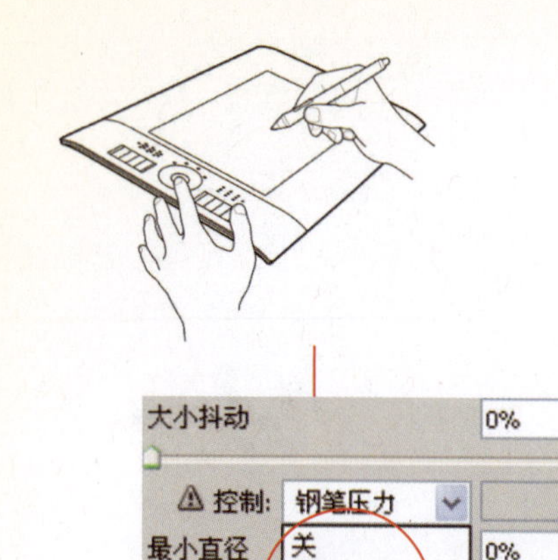

图2-3-4 画笔设置

2.4 橡皮擦工具

和传统绘画工具一样，橡皮擦工具主要用来擦除背景和不需要的部分。

2.4.1 橡皮擦工具

可将像素更改为背景色或透明。如果您正在背景中或已锁定透明度的图层中工作，像素将更改为背景色；否则，像素将被抹成透明。

2.4.2 背景橡皮擦工具

主要应用于有大面积相同色彩背景的时候，用以擦去背景颜色(如图2-4-1所示)。

(a)

(b)

图2-4-1 使用背景橡皮擦工具去除背景

2.4.3 魔术橡皮擦工具

用魔术橡皮擦工具在图层中点击时，该工具会将所有相似像素更改为透明。通过调整容差、不透明度来完成对像素的擦除。

2.5 模糊、锐化与涂抹工具

2.5.1 模糊工具

可柔化硬边缘或减少图像中的细节。使用此工具在某个区域上方绘制的次数越多，该区域就越模糊。模糊工具对于照片的虚实处理很有效，可以使照片的背景虚化，从而突出主体形象。

2.5.2 锐化工具

用于增加边缘的对比度以增强外观上的锐化程度。用此工具在某个区域上方绘制的次数越多，增强的锐化效果就越明显。需要注意的是，过分使用锐化工具的话，会造成图像的失真。

需要注意的是，模糊、锐化和涂抹工具都有相关的笔触设置，其与画笔工具基本类似，可以在画笔浮动面板中进行更多设置。

2.5.3 涂抹工具

模拟将手指拖过湿油漆时所看到的效果，该工具可拾取开始位置的颜色，并沿拖动的方向展开这种颜色。所以使用涂抹工具，可以混合相邻的颜色，并模拟出类似油画笔触的效果。

【课题训练】

2.6 课题：静物彩画 /从传统绘画到数字绘画

2.6.1 课题说明

Photoshop的主要功能在于图像的合成与色彩的调整，但一般的绘画需求完全可以满足。

如果你对数字绘画有特别的追求，推荐另外一款优秀的仿自然绘画软件Painter，它拥有全面和逼真的仿自然画笔，是专门为数码艺术家、插画画家及摄影师而开发的。

随着计算机技术的发展，通过硬件与软件的配合，今天我们已经可以在电脑上以数字绘画的方式模拟出传统绘画的所有效果，并且延伸出独具数字美感的表达方式。越来越多的画家和设计师们已经转向采用Photoshop等软件进行数字绘画，尤其是在动漫插画等商业绘画领域，由于数字绘画的方便快捷，便于修改、保存和传输等特性，数字绘画已经大行其道。

这一幅水果主题的静物画要求在Photoshop中完全采用鼠标绘制（如图2-6-1所示），目的是练习对笔刷的设定，掌握画笔工具，模拟出传统绘画的自然笔触效果，并且学习使用色板与颜色面板。

图2-6-1　水果静物画

2.6.2 课题引导

此课题练习为写实风格的静物色彩，着重表达真实的色彩变化与空间感。两个苹果的形态虽然简单，但是色彩的变化丰富而微妙，加之受到光线的影响，在色彩的冷暖变化与光影过渡方面需加以注意。

在绘画的步骤上与传统方式一样，以下分步骤讲解。

step1 新建一个文件，在“新建”窗口中的“预设”菜单中选择“web”，然后在“大小”菜单中选择“1024×768”，其余设置保持默认即可（如图2-6-2所示）。

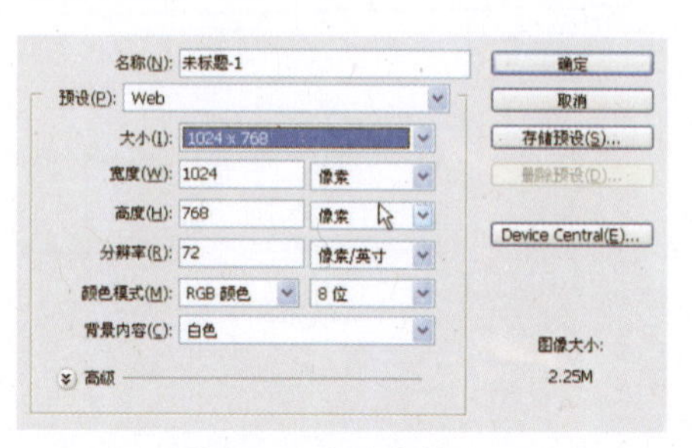

图2-6-2　新建文件

step2 首先进行整体轮廓的描绘，使用铅笔工具用黑色绘制。虽然使用鼠标绘制线条不会太流畅，不过轮廓部分在后期会被颜色覆盖住，所以这一步只要把握好对象形体特征和基本构图即可（如图2-6-3所示）。

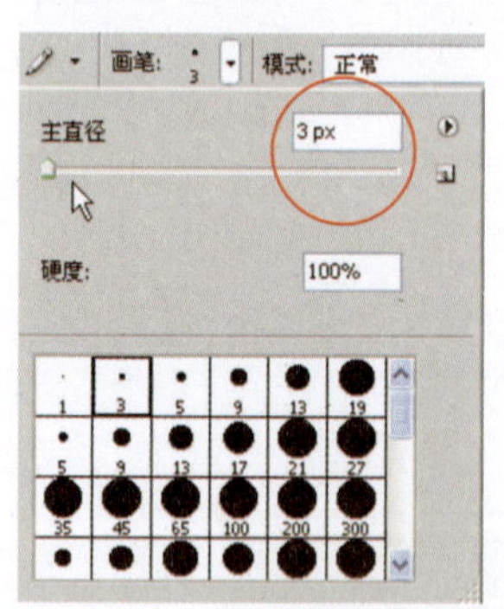

图2-6-3(a)　整体轮廓描绘

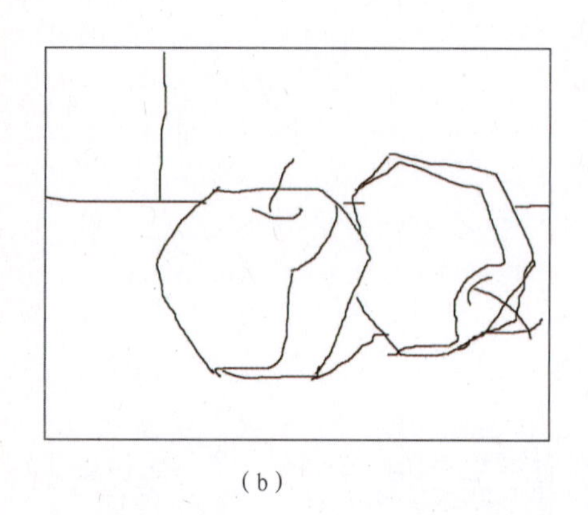

(b)

当在绘制过程中出现错误时，可以使用橡皮擦工具擦除。

也可以使用快捷键Ctrl+Z快速取消当前操作并返回到上一步，使用快捷键Ctrl+Alt+Z可以多步返回。此快捷键适用于PS中的几乎所有操作。

step3 进行单色素描稿绘制以确定画面整体的明暗关系，使用画笔工具用黑色绘制。选择一个“粉笔60像素”的笔刷（如图2-6-4所示），并且将笔刷的不透明度设置为50%左右，这样可以模拟带有水性透明度的薄画法。

在绘制的过程中，使用快捷键“[”和“]”来调整笔触大小，使用快捷键0到9键调整画笔透明度。

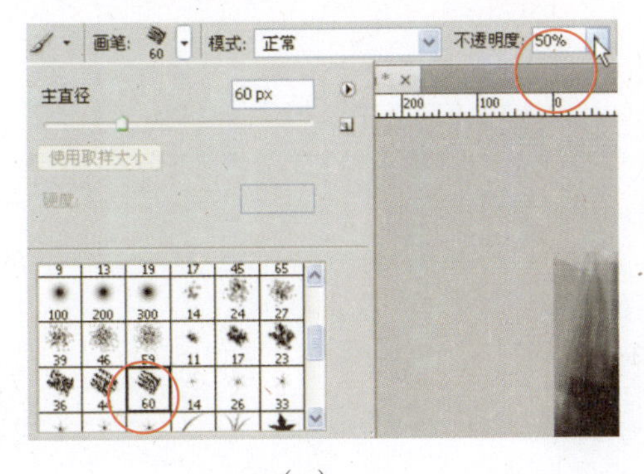

(a)

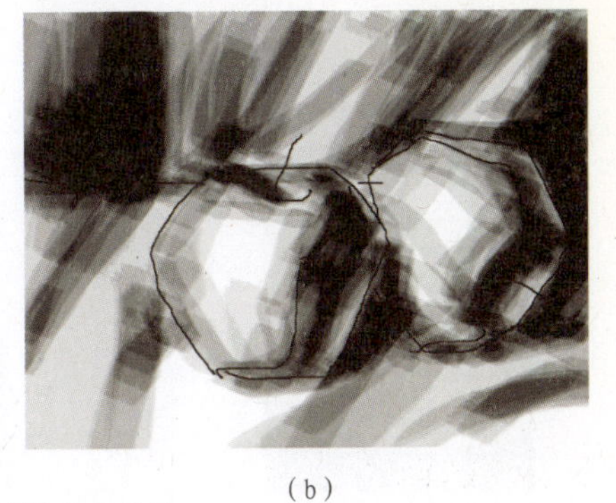

(b)

图2-6-4　绘制单色素描稿

step4 进行色彩绘制，首先确定画面整体的色彩关系。依然使用画笔工具“粉笔60像素”的笔刷，将笔刷的不透明度设置为85%左右，在色板面板中选择预设的色彩，或者在颜色面板中自定义颜色。绘制时要注意色彩的冷暖和明暗关系（如图2-6-5所示）。

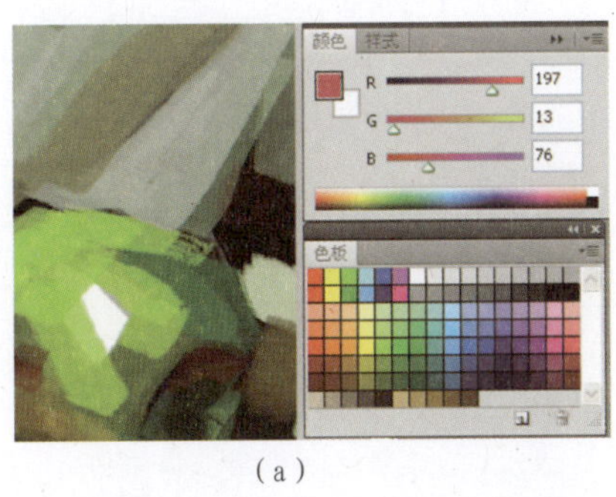

(a)

(b)

图2-6-5　绘制色彩

step5 使用涂抹工具进行颜色色块之间的糅合过渡，依然使用“粉笔60像素”的笔刷。绘制时要注意涂抹的方向和起点（如图2-6-6所示）。

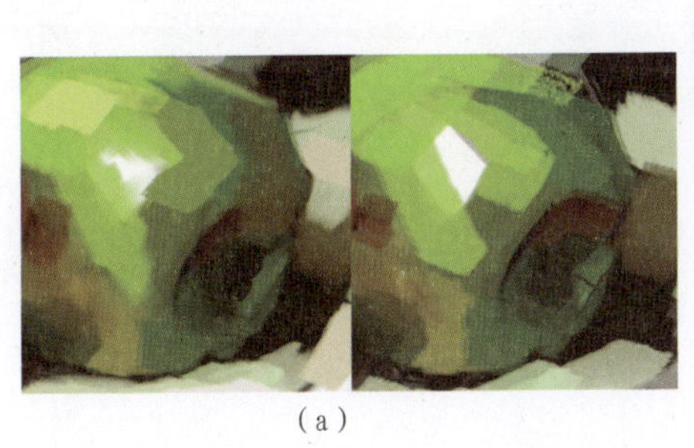

(a)

(b)

图2-6-6　涂抹前后的对比

step6 使用画笔工具“粉笔”笔刷，调整笔刷大小以便于细节绘制。点击前景色，在弹出的“拾色器”窗口中设置颜色（如图2-6-7所示）。

最后通过细节形态和色彩的刻画完成绘画。

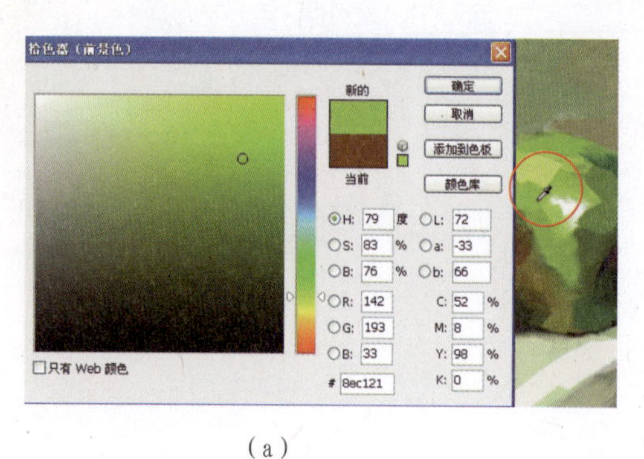

（a）

（b）

图2-6-7　铅笔绘画

2.7　课题：静物装饰画

2.7.1 课题说明

这一幅静物主题的装饰画要求在Photoshop中完全采用鼠标绘制（如图2-7-1所示），目的是深入掌握画笔工具笔刷的设定，发掘笔刷使用的技巧，并学习如何自定义一

图2-7-1　静物装饰画

个笔刷；另外，对于填充工具和橡皮擦工具等相应的绘画工具也有练习。

当完全掌握画笔工具特别是画笔浮动面板的设定后，一定会给你的作品带来不同的风貌和灵感上的启发。

2.7.2 课题引导

此课题练习为装饰风格的静物画，着重表达抽象和简练的物态形象，关注形态之间的对比与呼应，在色彩的处理上更加夸张与凝练；剔除了复杂的真实空间与光影，将画面的处理重点放在形体与色彩的装饰意味表达上。

以下分步骤讲解：

step1 新建一个文件，在“新建”窗口中的“预设”菜单中选择“web”，然后在“大小”菜单中选择“1024×768”，其余设置保持默认即可。

step2 首先使用油漆桶工具进行图案的填充，选择织物肌理的图案（如图2-7-2所示）。

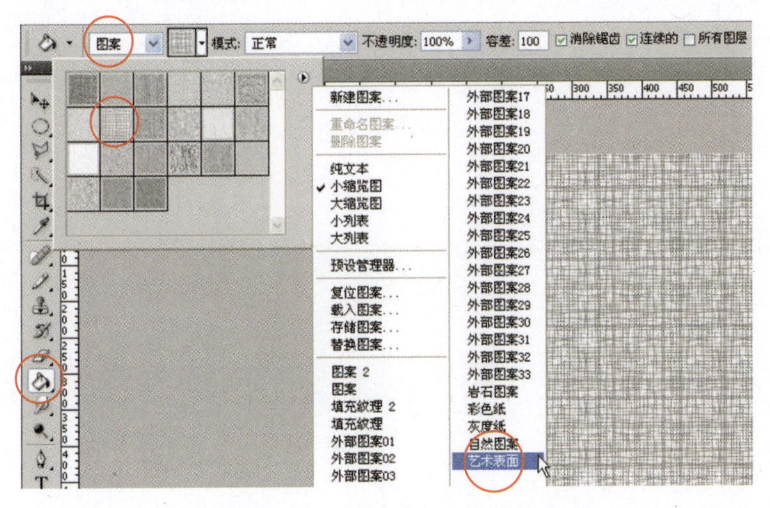

图2-7-2　使用油漆桶工具进行图案填充

step3 使用铅笔工具描绘桌布上的格子图案。选择200像素的圆形笔刷，在画笔浮动面板中的画笔笔尖形状选项中设置间距，在选项栏中设置不透明度为50%，然后分别以红色与绿色进行纵横格子的描绘（如图2-7-3所示）。

由于笔触设置了不透明度，所以格子交错处自然会形成红绿混合的颜色。

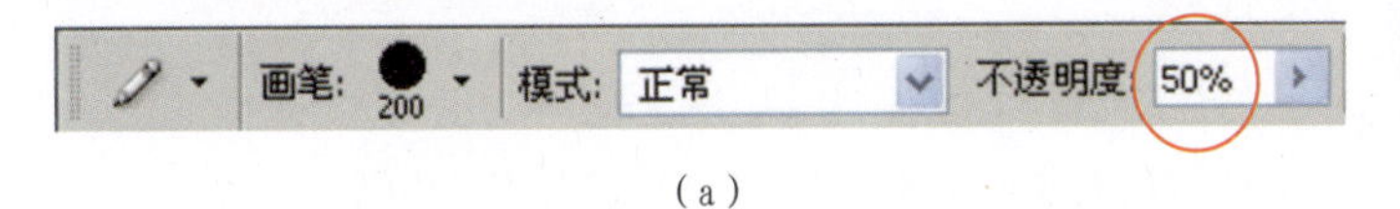

（a）

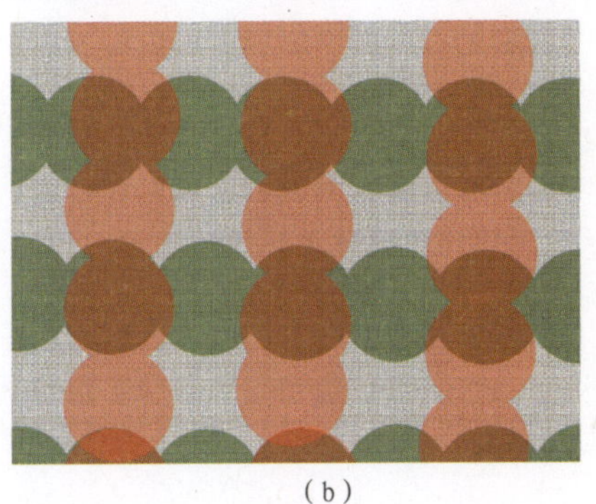

（b）

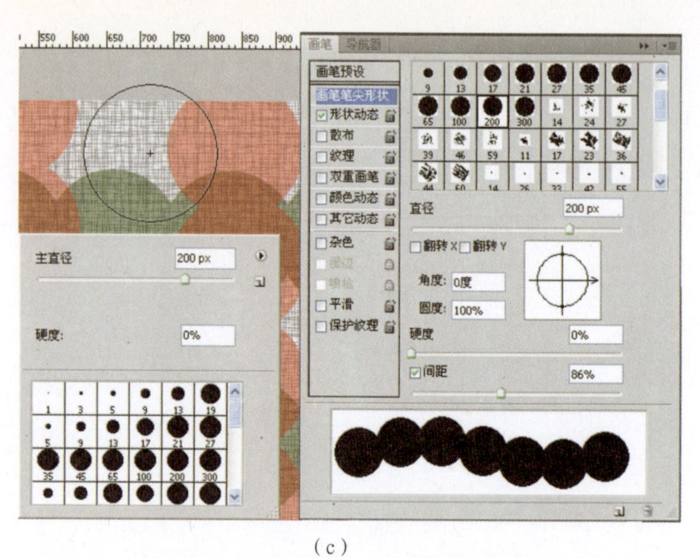

（c）

图2-7-3　使用铅笔工具描绘桌布格子图案

step4 绘制盘子：在上一步工具设置基础上，调大笔触至适合尺寸。先以黑色绘制阴影，在画布上点击一下即可；再将选项栏中的不透明度调整为100%，以白色绘制盘子（如图2-7-4所示）。

（a）

（b）

图2-7-4　绘制盘子

step5 自定义水果笔刷：PS软件本身带有丰富的笔刷，但在本练习中我们需要学会如何自定义一个笔刷。先新建一个100×100像素大小的文件，以黑色绘制一个樱桃（如图2-7-5所示）。

图2-7-5　用黑色绘制一个樱桃

选取“编辑”>“定义画笔预设”命令，在弹出的窗口点击“确定”按钮后，自定义的樱桃笔刷即可在笔刷列表中找到。

step6 绘制盘中的樱桃：我们希望描绘的樱桃是有颜色、大小和方向的变化的，所以使用画笔工具，选择自定义的樱桃笔触后，还需要在“形状动态”“散布”和“颜色动态”等处进行设置（如图2-7-6所示）。

笔刷的“颜色动态”设置可以使笔刷颜色产生前景色与背景色的抖动变化，另外也可以产生色相、饱和度、亮度、纯度等色彩属性的变化。

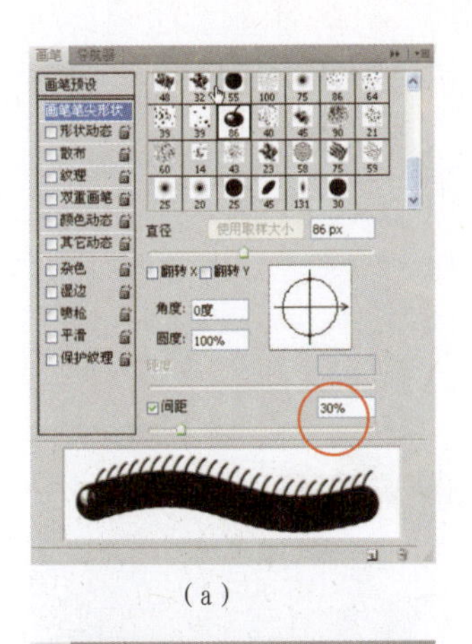

（a）

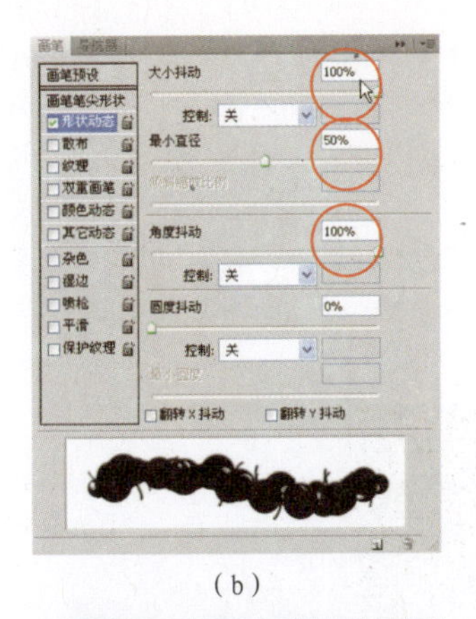

（b）

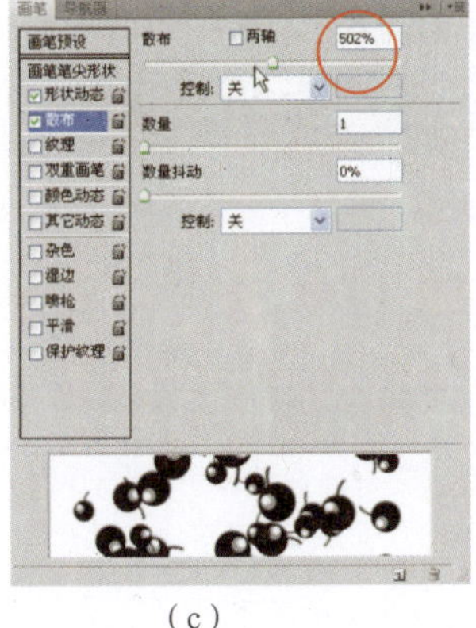

（c）

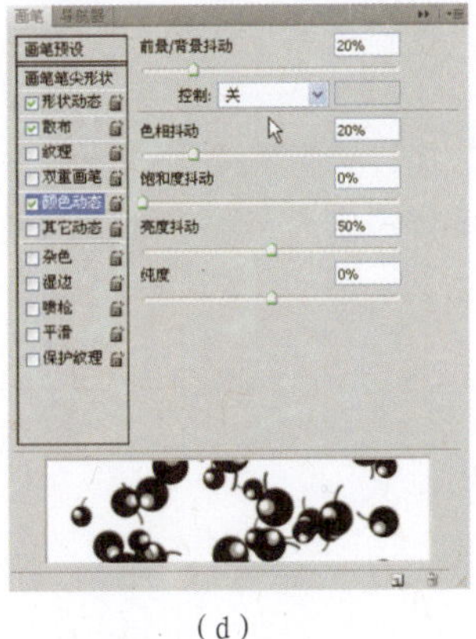

（d）

图2-7-6　绘制盘中的樱桃

step7 最后，将前景色与背景色分别设置为红色与橙色，即可在盘子中绘制出一堆形态和色彩富有变化的樱桃来了（如图2-7-7所示）。

图2-7-7　完成绘制的樱桃

2.8　扩展训练：头发的绘制

2.8.1 训练说明

这一幅人物主题的CG插画完全是在PS中绘制完成的，充分表达了一个充满魅力和时尚感受的现代女性形象(如图2-8-1所示)。在PS中要完成这样细腻的绘画作品需要掌握熟练的软件技巧和造型能力，从绘画工具角度来分析的话，其中的头发绘制技巧会给我们带来启发。

图2-8-1　人物插画

2.8.2 训练引导

类似于毛发这样细腻的对象，如果一根根去描绘的话，肯定是一件很花费时间的事情。能否通过笔刷的自定义设置来更加快捷地完成这一工作呢？答案是肯定的！

以下通过图例进行步骤演示(如图2-8-2所示)，在理解的基础上，需要通过反复练习来熟练操作。

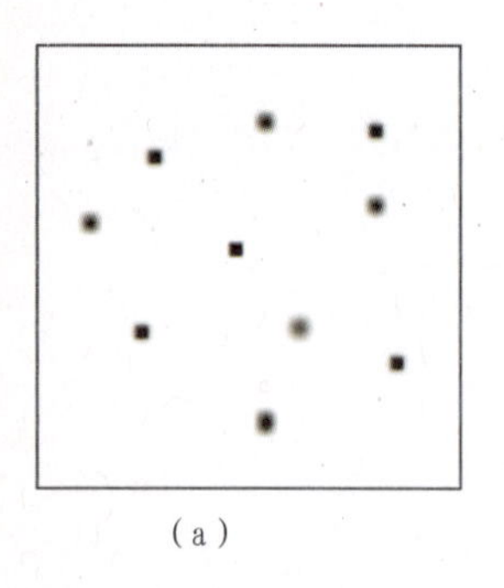

(a)

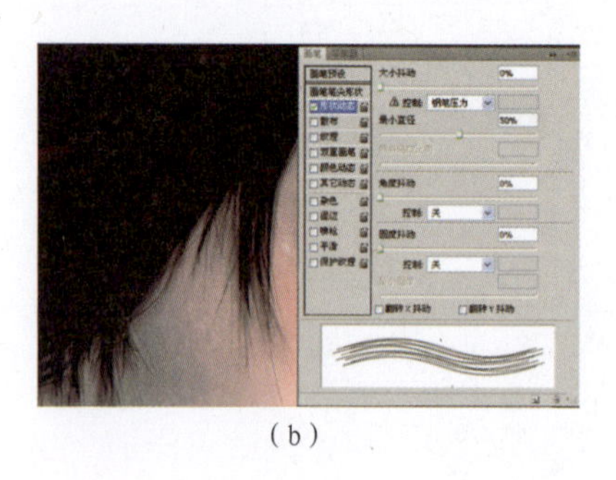

(b)

(c)

step1

在新建文件中，按照图示进行绘制，并选取“定义画笔预设”命令，自定义一个头发笔刷。
可设置多个不同的头发笔刷以供选用。

step2

在画笔面板中如图进行笔刷设置，将笔刷设定成为流畅的、有粗细变化的、有透明度变化的发丝形状。
如有可能，请使用绘图板等硬件外设，这样绘制的线条才会流畅，并且“钢笔压力”等选项才会启用。

step3

使用设置好的画笔，分组、分层次地绘制头发，在绘制过程中要注意前后顺序和头发整体的群组关系与层次感。色彩的使用也要依据明暗变化进行不断调整，直至完成。

图2-8-2　人物头发绘制

【总结归纳】

通过本章节的学习，读者应理解色彩与绘画工具两大概念，理解色彩模式，学会使用颜色与色板浮动面板；重点掌握画笔工具的使用，特别是笔刷的设置选项众多，需要在反复练习中理解设置的意义与应用效果；学习自定义笔刷以及载入外部画笔。在网络上有不计其数的画笔文件可供下载使用，本书所附光盘中也提供了精彩的画笔文件以供载入使用。

PS的绘画功能虽然不是软件的中心功能，但是其功能仍然非常强大，足以满足各类绘画需要。在学习了本章的内容后，再配合后面章节中的图层面板、历史记录面板以及色彩调整的知识等，你一定会被PS的数字绘画魅力所吸引！

第3章　矢量绘图工具

——精确绘制

Photoshop除了具有强大的绘画工具外，还有精确的绘图工具。这两者的主要区分就在于绘画工具描绘的是位图图像，而绘图工具描绘的是矢量图形。作为另一种造型手段，矢量绘图工具可通过对于锚点的重复调整而达到精确绘图的目的。此外，矢量图形还可以转换为位图图像，或者转换为选区和蒙版。

【知识阐述】

3.1　矢量形状与路径

矢量形状是使用形状或钢笔工具绘制的直线和曲线。矢量形状与分辨率无关，因此它们在调整大小、打印、存储为 PDF 文件或导入到矢量图形软件时，会保持清晰的边缘。我们可以创建自定义形状库和编辑形状的轮廓和属性（如描边、填充颜色和样式）。

形状的轮廓是路径。路径是可以转换为选区或者使用颜色填充和描边的轮廓。通过编辑路径的锚点，您可以很方便地改变路径的形状。路径可以是封闭区域，也可以是一条首尾不相连的线段，分别称作封闭路径和开放路径。

开始进行绘图之前，必须从选项栏中选取绘图模式。选取的绘图模式将决定是在自身图层上创建矢量形状，还是在现有图层上创建工作路径，或是在现有图层上创建栅格化形状（如图3-1-1所示）。

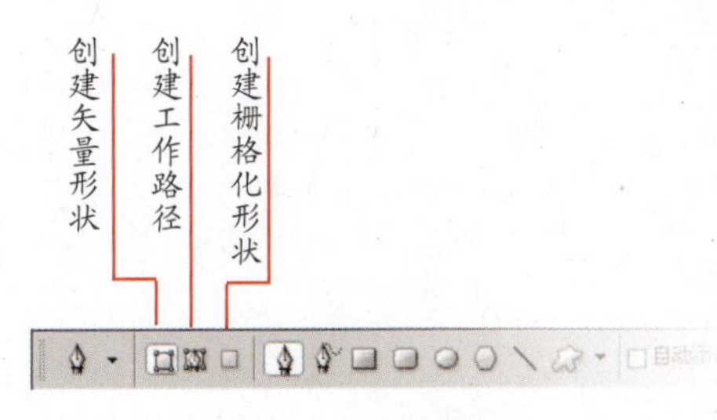

图3-1-1　选取绘图模式

3.2　路径工具

3.2.1 钢笔工具组

钢笔工具组中包含钢笔工具、自由钢笔工具、添加锚点工具、删除锚点工具和转换点工具，这几种工具是用来绘制以及修改路径的（如图3-2-1所示）。

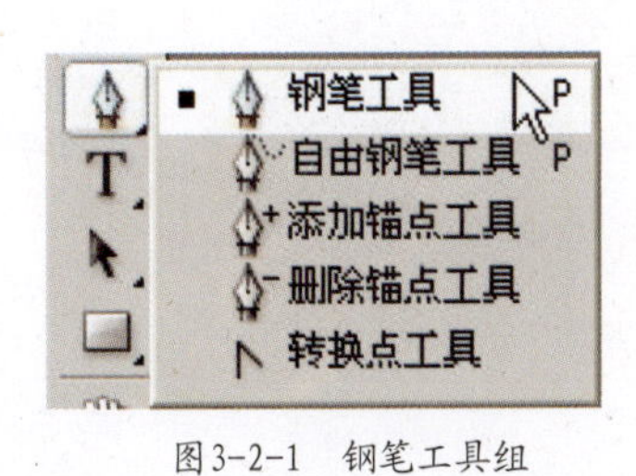

图3-2-1　钢笔工具组

钢笔工具可用于绘制高精确度的路径，自由钢笔工具可用于像使用铅笔在纸上绘图一样来绘制路径，如果选中选项栏中的磁性钢笔选项则可用于绘制与图像中已定义区域的边缘对齐的路径。

添加锚点工具和删除锚点工具可以对矢量形态进行后期的调整。添加锚点改变锚点方向线可以增加弯曲程度，删除多余锚点就会变得更平滑。

3.2.2 路径选择工具和直接选择工具

图3-2-2　选择工具

路径选择工具用于选取路径，直接选择工具用于选择锚点，以对路径进行修改（如图3-2-2所示）。

3.2.3 绘制直线路径

选取钢笔工具，点击确定一个锚点，连续点击即可在锚点之间自动连接成直线路径。如要闭合路径，将钢笔工具定位在第一个锚点上单击或拖动可闭合路径（如图3-2-3所示）。

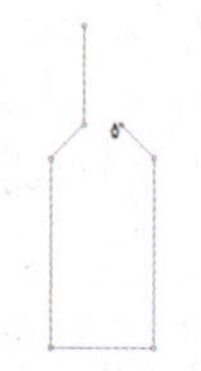

图3-2-3 绘制直线路径步骤

3.2.4 绘制曲线路径

按住Shift键可以让所绘制的点与上一个点保持45° 整数倍夹角（比如零度、90° ）. 这样可以绘制水平或者是垂直的线段。

绘制完后按住Ctrl键在路径之外任意位置点击，即可完成绘制。

使用钢笔工具绘制矢量路径时，其实并没有直接绘制线段，而是定义了各个锚点的位置，软件在锚点间自动连线成型。控制线段形态的是各个锚点的位置与手柄的长度和方向。

绘制直线路径较为简单，而曲线路径的绘制则相对复杂。

选取钢笔工具，点击确定锚点位置，并按住鼠标从锚点处拖拉出方向线，它的长度和方向确定了和下一个锚点之间的曲线路径型态（如图3-2-4所示）。注意方向线末端有一个小圆点，这个圆点称为“手柄”，拖动手柄可以改变方向线。

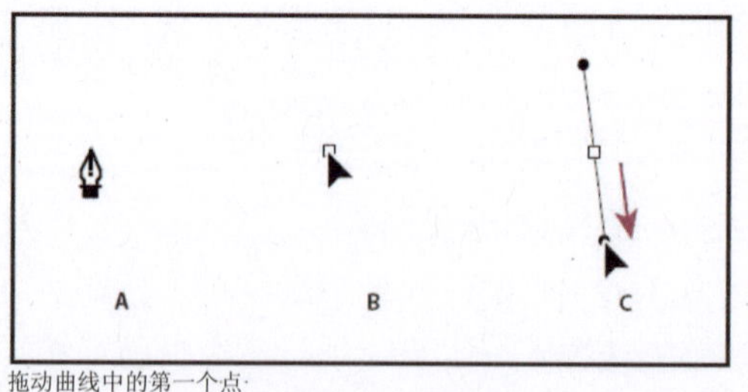

拖动曲线中的第一个点
A.定位“钢笔”工具 B.开始拖动（鼠标按钮按下）C.拖动以延长方向线

（a）

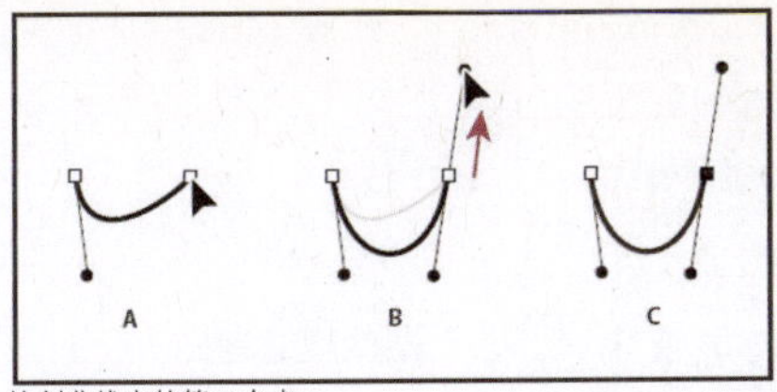

绘制曲线中的第二个点
A.开始拖动第二个平滑点 B.向远离前一条方向线的方向拖动，创建C形曲线 C.松开鼠标按钮后的结果

(b)

记住一个原则：绘制曲线的锚点数量越少越好。因为如果锚点数量增加，不仅会增加绘制的步骤，同时也不利于后期的修改。

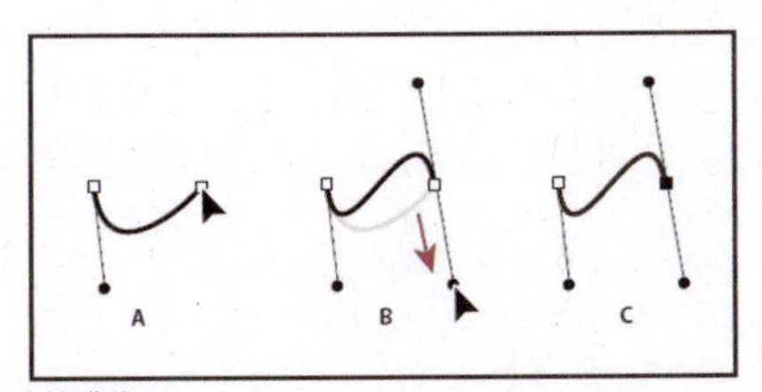

绘制S曲线
A.开始拖动新的平滑点 B.按照与前一条方向线相同的方向拖动，创建S形曲线 C.松开鼠标按钮后的结果

(c)

图3-2-4　绘制曲线路径

使用钢笔工具时，按住Alt键即可暂时切换到“转换点工具”进行调整；而按住Ctrl键将暂时切换到“直接选择工具”，可以用来移动锚点位置。

3.3　形状工具

可以组合使用钢笔工具和形状工具以创建复杂的形状。前面已经学习了用钢笔来勾画任意的路径形状，但很多时候并不需要完全从无到有的来绘制一条新路径。Photoshop提供了一些基本的路径形状，我们可以在这些基本路径的基础上加以修改形成需要的形状，这样不仅快速，并且效果也比完全手工绘制的要好。

3.3.1 形状工具的使用

形状工具组中分别是矩形工具、圆角矩形工具、椭圆工具、多边形工具、直线工具和自定义形状工具（如图3-3-1所示）。

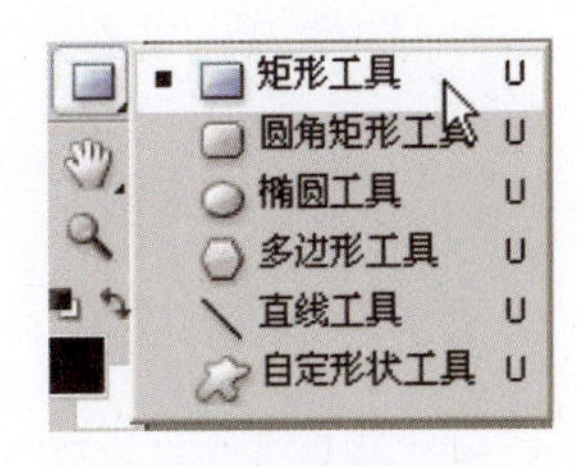

图3-3-1　形状工具组

选取某个形状工具后，在选项栏中有更多设置。此处以多边形工具为例进行说明（如图3-3-2所示）。

按住Alt 键 ，可以从中心向外绘制图形。

按住Shift键，可以约束图形的比例，例如绘制一个正圆或者是正方形。

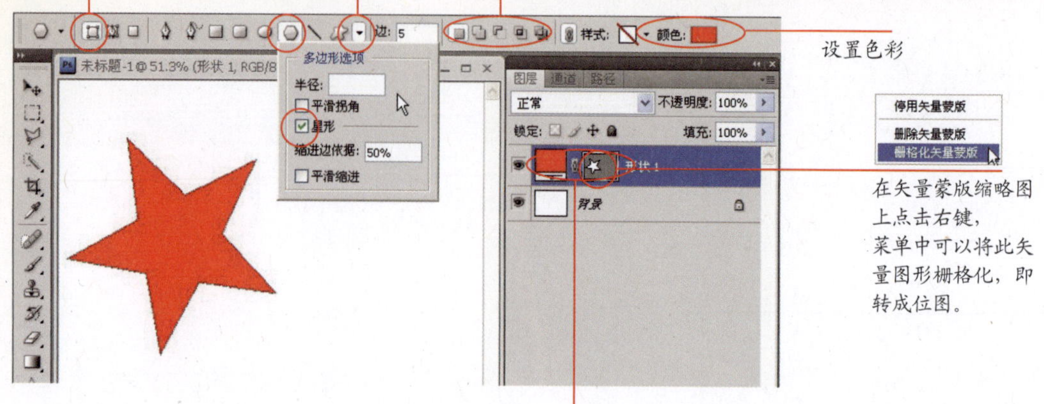

图3-3-2 多边形工具的选项设置

3.3.2 形状的修改

由于形状工具绘制的是矢量图形，所以可以使用钢笔工具组中的工具进行修改，例如移动、添加和删除锚点，或者将平滑锚点转换成为尖锐锚点（如图3-3-3所示）。

1. 绘制一个矩形，然后使用添加锚点工具如图在下方位置添加两个锚点。

2. 使用直接选择工具，将下方两个锚点如图向上方移动，即可完成形状的修改。

3. 将矢量形状转成位图，即可用渐变工具填充，最终的设计完成效果如图所示。

图3-3-3 形状的修改

3.4 路径面板

“路径”面板列出了每条存储的路径、当前工作路径、当前矢量蒙版的名称和缩览图像。要查看路径，必须先在“路径”面板中选择路径名（如图3-4-1所示）。

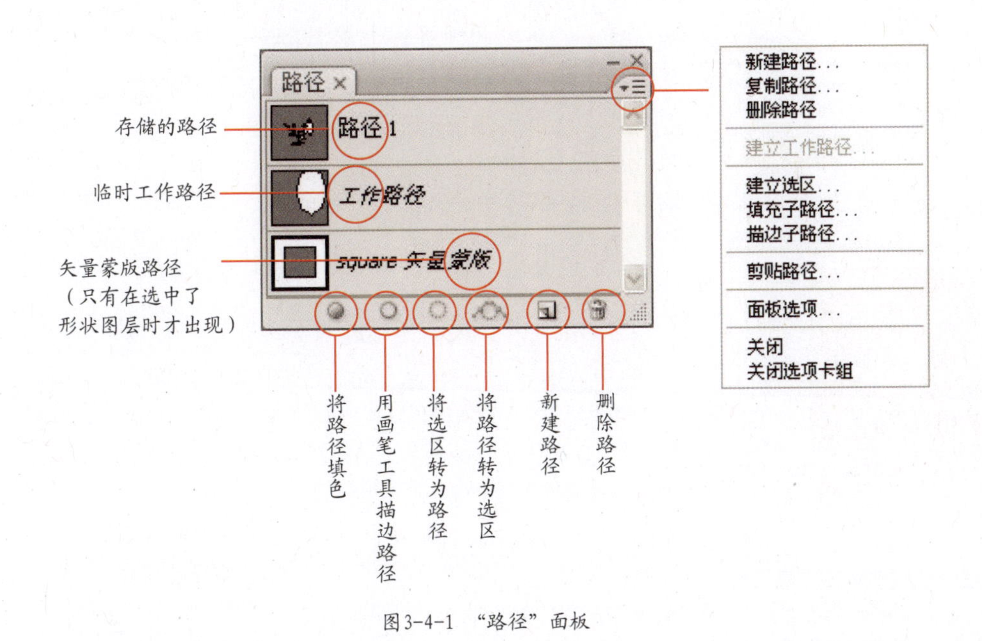

图3-4-1 “路径”面板

在“路径”面板中单击路径名即可选择路径。在面板的空白区域中单击，或按Esc键即可退出选择。

当使用钢笔工具或形状工具创建工作路径时，新的路径以工作路径的形式出现在“路径”面板中。工作路径是临时的，必须存储它以免丢失其内容。如果没有存储便取消选择了工作路径，当再次开始绘图时，新的路径将取代现有路径。

【课题训练】

3.5　绘制麦当劳标志

3.5.1 课题说明

标志，是表明事物特征的记号、商标。它以单纯、显著、易识别的物象、图形或文字符号为直观语言。通常，标志的设计都会采用Illustrator等矢量绘图软件完成，并保存为矢量格式以便调用。此课题的目的是以此为例来熟练Photoshop的钢笔工具绘制路径的技巧，进一步讲解工具的使用技巧，并在训练中完善技能。

3.5.2 课题引导

图3-5-1　麦当劳标志

标志设计共分为图形标志与文字标志两大类别，麦当劳标志即属于后者，其黄色的M字母形态左右对称；所以在绘制时我们只需要用钢笔工具画出其一半的形态，然后再复制进行水平翻转即可完成剩余部分，这样就会保证左右两部分形态完全对称(如图3-5-1所示)。

以下分步骤说明：

图3-5-2　新建图层

step 1 新建一个文件，将光盘中附带的麦当劳标志图片打开，并拖入新建画布上，在图层面板上会自动生成一个图层；将该图层的不透明度改为10%，目的是为了便于在标志图片上使用钢笔工具进行路径描摹（如图3-5-2所示）。

有关图层面板的知识会在第5章中进行讲解。

step 2 使用钢笔工具进行路径描摹，首先完成M形态的左半部分（如图3-5-3所示）。

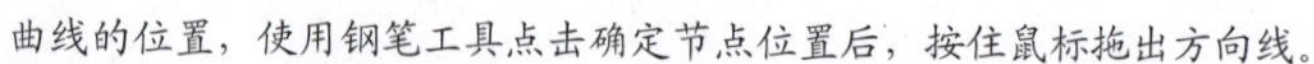
曲线的位置，使用钢笔工具点击确定节点位置后，按住鼠标拖出方向线。

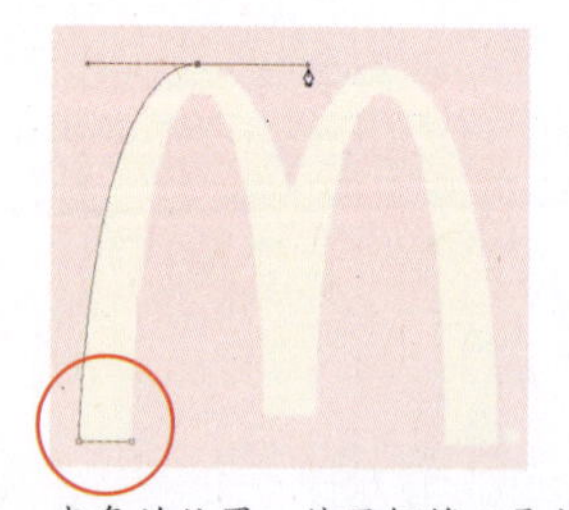

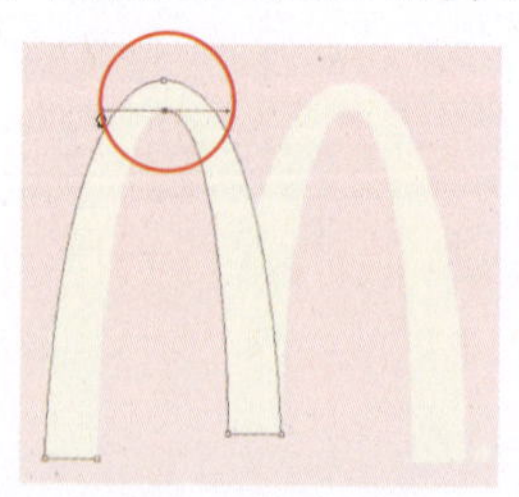

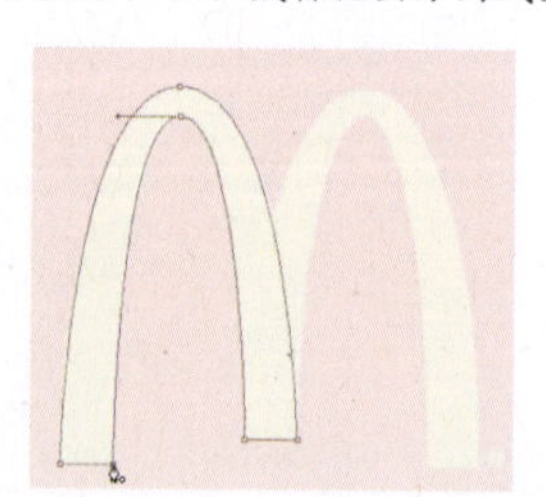

尖角的位置，使用钢笔工具点击形成节点即可。

图3-5-3　使用钢笔工具进行路径描摹

step3 使用路径选择工具选中已经完成的路径，按住Alt键拖动复制（如图3-5-4（a）所示）。在拖动过程中，可以按住Shift键以保持水平角度。接着还需要将复制的路径进行水平翻转，选取“编辑”>“变换路径”>“水平翻转”命令（如图3-5-4（b）所示）。

复制和翻转完成后，继续选中路径，进一步调节其位置以保持准确。

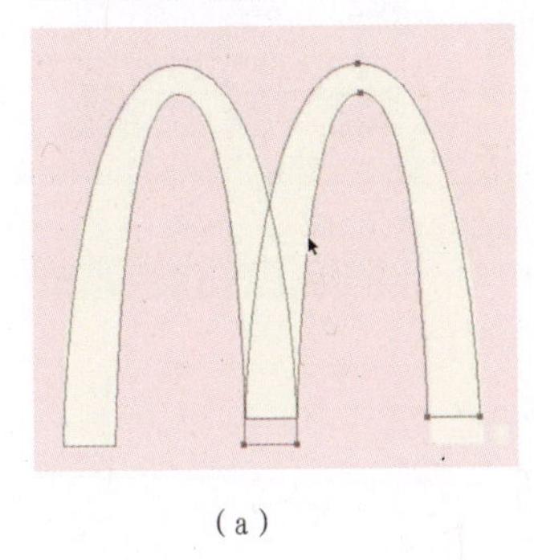

（a）

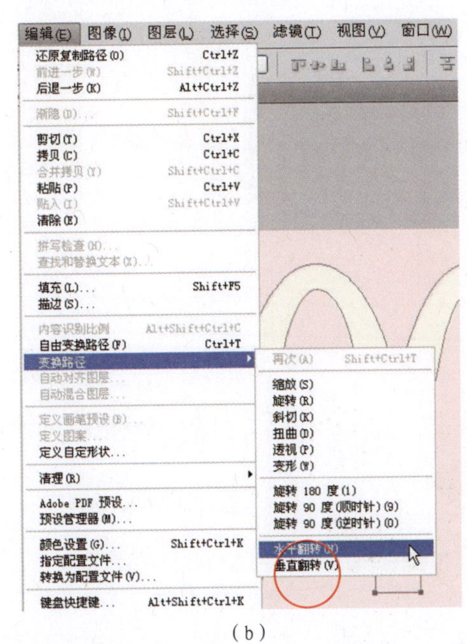

（b）

图3-5-4 复制、翻转和调节路径

step4 使用路径选择工具，将标志的左右两部分路径进行框选（如图3-5-5（a）所示）。

全部选中后，在选项栏中选中“添加到形状区域”按钮，然后执行“组合”命令（如图3-5-5（b）所示），使两部分路径组合成为一个完整路径。

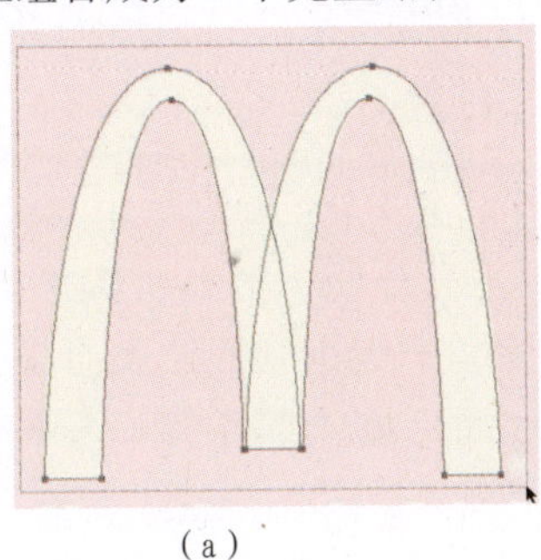

（a）

（b）

图3-5-5 组合路径

step 5 关闭标志图层的显示，选择背景面板，保持绘制的路径选中；在路径面板中，点击“用前景色填充路径”图标，麦当劳标志的绘制工作就完成了（如图3-5-6所示）。

图3-5-6 填充路径

3.6 “水与人类”海报设计

3.6.1 课题说明

此课题是本书作者参加法国“水与人类”国际优秀海报竞赛的主题海报设计作品。随着中国工业化的飞速发展，环境破坏的问题日益突出，水资源的污染是其中重要的现象。设计者力图通过海报这一形式，以儿童与鱼类共生的图形来说明人类与水的紧密性。

海报的版式设计中，图形和文字整体倾斜，带有不安定感，暗示着环境破坏所造成的危险境地。版式构成采用特异的形式，儿童形态在重复的鱼形群体中特别凸显，形成视觉的中心(如图3-6-1所示)。

图3-6-1 “水与人类”海报

3.6.2 课题引导

海报中的鱼群图形采用PS的钢笔工具绘制而成，形态抽象简洁，与三维软件制作的儿童图形成了强烈的视觉对比。儿童图形运用Poser软件渲染而成（Poser是Metacreations公司推出的一款三维动物、人体造型和三维人体动画制作的专业软件）。

以下分步骤说明：

step 1 新建一个海报文件，尺寸设置为50×80厘米（这是常用的对开海报尺寸），分辨率设置为300像素/英寸。以淡蓝色填充画布，淡蓝色的三色值分别为R=190、G=225、B=255。

使用钢笔工具，绘制一条完整的鱼形（如图3-6-2所示）。

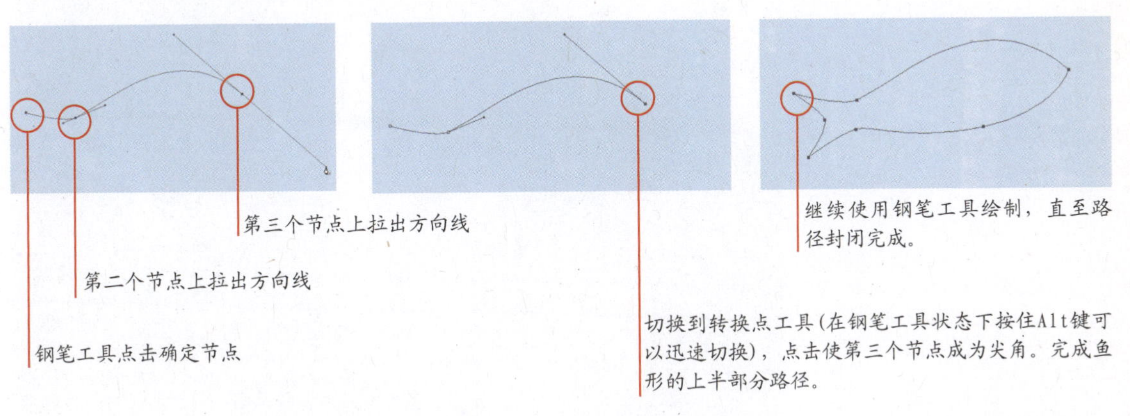

图3-6-2 绘制鱼形

step 2 使用路径选择工具选中鱼形路径，按住Alt键拖动复制。在状态栏中，选中“添加到形状区域”并执行“组合”将路径组合在一起，以黑色前景色进行填充。鱼的眼睛部分也按照以上步骤完成。

加上儿童图形与标题文字，此海报案例完成（如图3-6-3所示）。

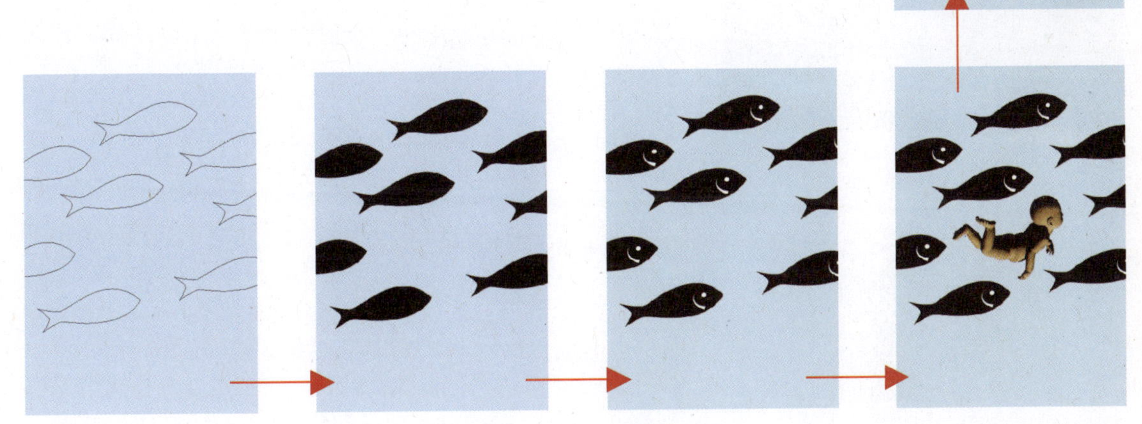

图3-6-3 组合及填充鱼形

3.7 音乐主题桌面壁纸设计

3.7.1 课题说明

此课题是在原摄影素材基础上，主要运用路径工具，配合绘画工具完成的电脑桌面壁纸设计（如图3-7-1所示）。

图3-7-1 电脑桌面壁纸

3.7.2 课题引导

原摄影素材略显呆板，缺乏变化，因此考虑在PS中添加带有光感与动感的线和点来进行调和，并且增加颜色的变化。如果使用第二章所讲解的绘画工具来完成，在没有手写板的情况下，线条很难描绘得流畅，光点的描绘也会很烦琐。

因此，在本案例中我们主要使用路径工具，结合画笔工具的设置，用画笔来描边路径。

以下分步骤进行讲解：

图3-7-2 “音乐”素材

step 1 打开光盘中的摄影素材文件(光盘/课题训练素材/第三章/音乐.jpg)（如图3-7-2所示）。

step 2 使用钢笔工具绘制弧线路径，路径主要分为两组，一组围绕着耳机，一组位于左侧背景。综合运用绘制路径、复制路径、调整路径等技巧来完成（如图3-7-3所示）。

图3-7-3 绘制弧线路径

step3 用画笔描边路径。在路径面板下方的“用画笔描边路径”图标处点击，即可使用当前的画笔与颜色效果进行描边。

如果要模拟出有粗细变化的压力效果的话，需要在工作路径上点击右键选择“描边路径”命令，在弹出的对话窗口中勾选“模拟压力”；同时，在画笔面板的“形状动态”中的“大小抖动”也要设置钢笔压力（如图3-7-4与图3-7-5所示）。

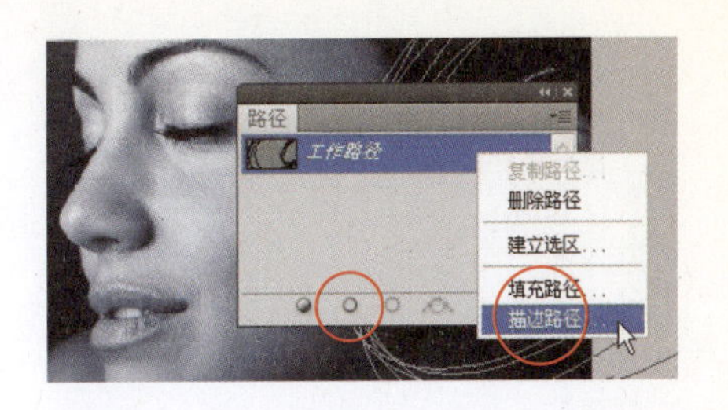

图3-7-4 画笔描边路径

step4 画笔的设置。在本案例中，首先要描绘出流畅的光线，然后再绘制散布的光点，所以要设置两种不同的画笔，并分两次进行描边路径（如图3-7-5和3-7-6所示）。

绘制时的前景色设为黄色，背景色设为白色。

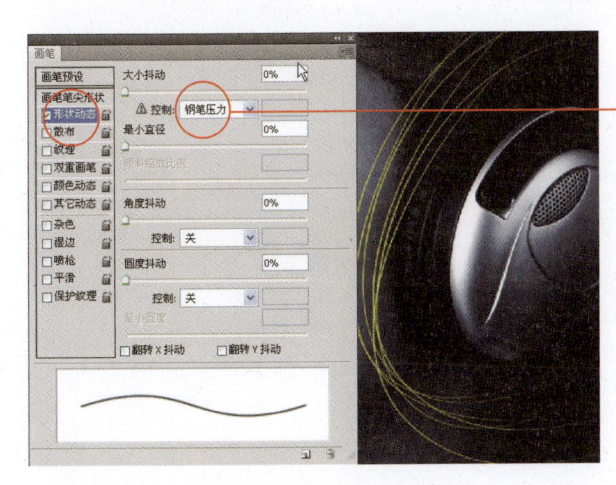

设定为“钢笔压力”选项，
在描边路径时才会产生“模拟压力”的效果

图3-7-5 光线的画笔设置

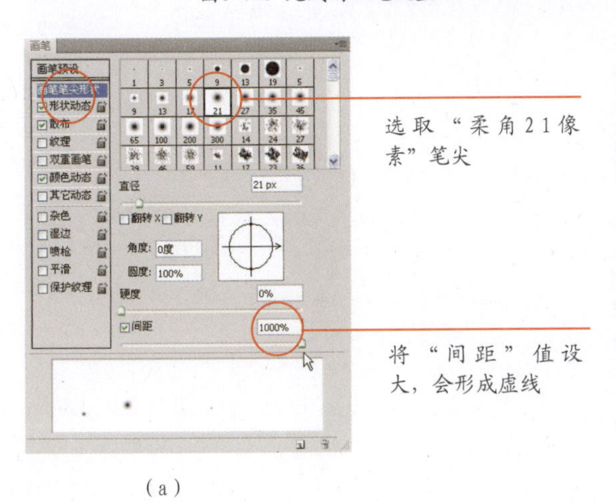

选取“柔角21像素”笔尖

将“间距”值设大，会形成虚线

（a）

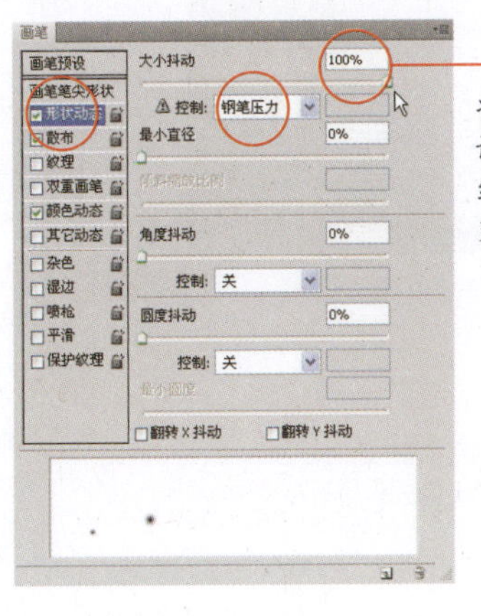

将“大小抖动”值设大，会使构成虚线的点产生大小的变化

（b）

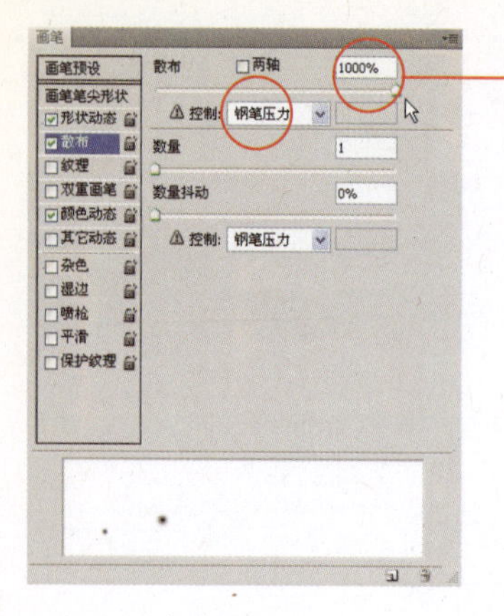

将“散布”值设大，会使点状笔触沿着绘制路径两侧散开

(c)

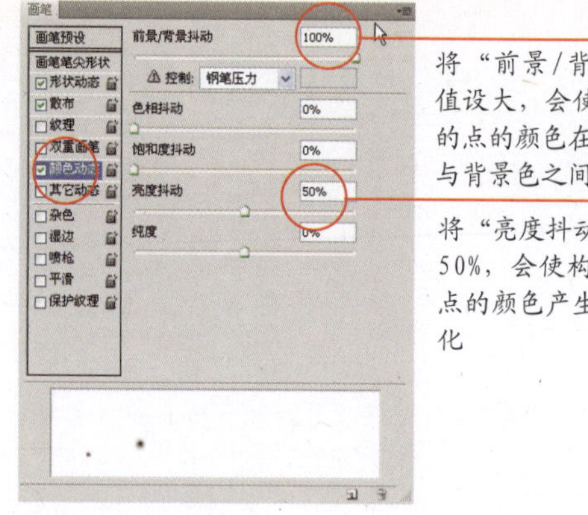

将“前景/背景抖动”值设大，会使构成虚线的点的颜色在前景色与背景色之间产生变化

将“亮度抖动”值设为50%，会使构成虚线的点的颜色产生亮度的变化

(d)

图3-7-6 光点的画笔设置

step 5 绘制左上方的大光点：将前景色设置为黄色，然后使用“渐变填充”工具，在选项栏中选取“前景色到透明渐变”；再选取“径向渐变”样式，并勾选“透明区域”选项；然后在画面左上角位置按下鼠标由中心向外拖出径向渐变的半径，即可绘制出黄色的大光点。

再将前景色设置为白色，重复以上步骤，在原位置绘制一个稍小点的白色光点，这样就会形成更真实的由白至黄渐变的光感（如图3-7-7所示）。

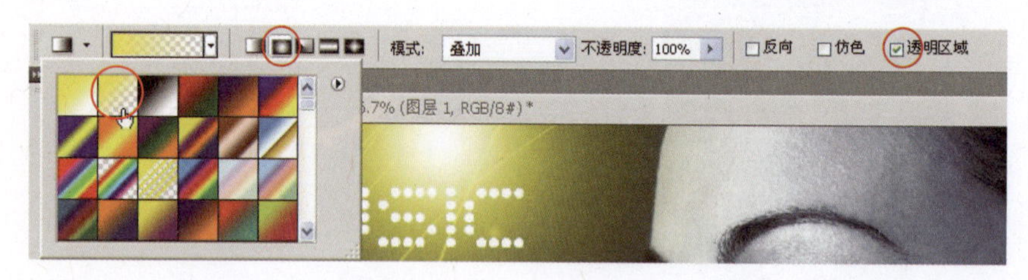

图3-7-7 绘制左上方大光点

step 6 最后使用文字工具输入标题即可完成（如图3-7-8所示）。

图3-7-8 完成后的电脑桌面壁纸

【总结归纳】

通过本章节的学习，读者应理解矢量绘图这一重要概念；学会使用路径绘制工具与路径选择、修改工具。特别是在曲线路径绘制时，刚开始学习难以熟练掌握，需要进行反复练习，有助于理解钢笔工具绘制曲线路径的规律所在。

结合画笔工具的设置来描边路径，可以使绘画线条变得更易控制。路径面板集成了路径管理的诸多选项，也需要充分掌握。

掌握了路径工具，除了可以轻松自由地绘制矢量图形，更对下一章中的选区设置大有帮助。

第4章 多重的选区操作方式

—PS功夫的基本马步

很多情况下，我们只希望对图像的某个区域进行操作，而非全部区域，此时必须首先用选区工具来设置工作范围。选区工具的熟练运用，是很多后期操作的前提保证，也是练就PS高级功夫的基本功。

【知识阐述】

4.1 什么是选区

准确地选择操作区域是后期操作的必要前提。选区用于界定或分离图像的一个或多个部分。通过选择特定区域，可以将后期操作应用于图像的局部，同时保持未选定的区域不会被改动。

选区一定是封闭的区域，而且选区一旦建立，大部分的操作就只针对选区范围内有效。如果要针对全图操作，必须先取消选区。

可以复制、移动和粘贴选区，或将选区储存在Alpha通道中。Alpha通道将选区存储为称作蒙版的灰度图像。

4.2 选区工具

在PS中设置选区的方法很多，使用绘画工具绘制蒙版可以转成选区，使用绘图工具绘制路径也可转成选区，其中最直接的手段是采用工具栏中的9个选区工具。所以我们需要了解每个选区工具的特性，并且根据实际情况来确定采用哪一种工具来设置选区。

4.2.1 选框工具组

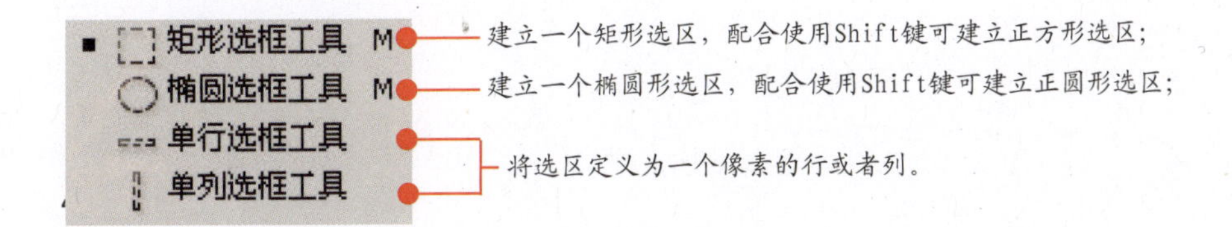

按下鼠标自由拖动，松开鼠标即可建立一个与拖动轨迹相符的选区；——套索工具 L

点按鼠标即可以直线段建立选区。按住Shift键可以保持水平、垂直或45度角的轨迹方向；——多边形套索工具 L

磁性套索工具适用于快速选择与背景对比强烈且边缘复杂的对象，按住鼠标沿着对象边缘拖动即可建立选区。——磁性套索工具 L

4.2.3 快速选择工具与魔棒工具

利用可调整的圆形画笔笔尖快速绘制选区，按住鼠标点击或拖动时，选区会向外扩展并自动查找和跟随图像中定义的边缘；——快速选择工具 W

利用颜色的差别来创建选区，以热点的像素颜色为准，寻找容差范围内的其他颜色像素，然后把它们变为选区。容差就是色彩的包容度，容差越大，色彩的包容度就越大。容差不同，造成的选取范围就不同。——魔棒工具 W

4.3 选区工具的选项栏设置

由于每个选区工具的选项栏大同小异，因此选取有代表性的选项栏示例说明(如图4-3-1所示)：

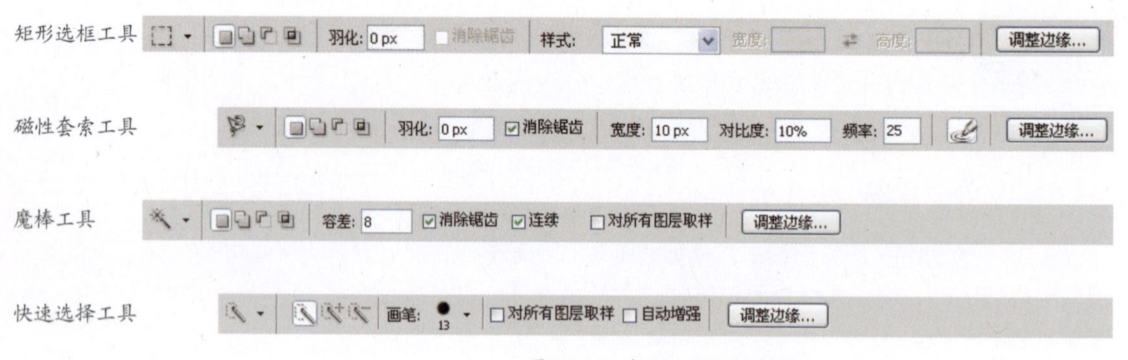

图4-3-1　选区工具的选项栏

4.3.1 选区选项

在多个选区工具的选项栏中，都需要对选区选项进行设置，多个选区之间的不同的交叠变化，使选区工具更加灵活（如图4-3-2所示）。

A. 新选区　　B. 添加到选区

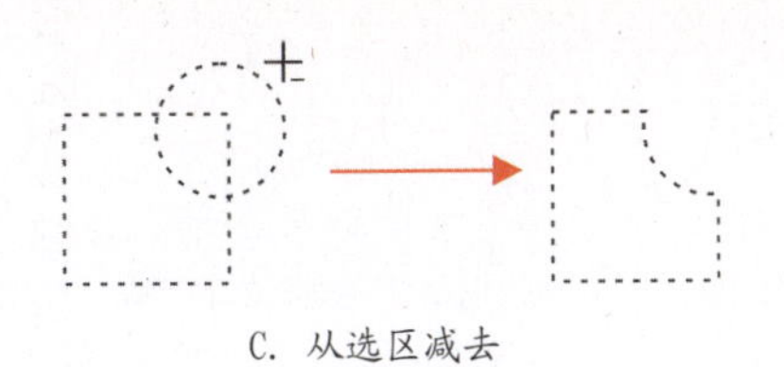

C. 从选区减去

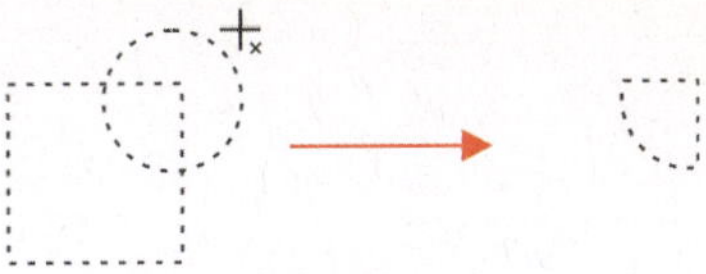

D. 与选区交叉

图4-3-2　选区工具

4.3.2 羽化

将选区边缘变得模糊和柔和。通过建立选区和选区周围像素之间的转换边界来模糊边缘。该模糊边缘将丢失选区边缘的一些细节。

设置羽化后，可能选区视觉上并没有明显变化，依然是流动线型的选区。但如果将该选区填充色彩或者移动复制后，效果会很明显。

可以在使用选区工具前来定义其羽化值，也可以通过命令菜单（“选择”＞“修改”＞“羽化”）为现有的选区添加羽化效果（如图4-3-3所示）。

a. 设置选区

b. 无羽化效果

c. 有羽化效果

图4-3-3　羽化

4.3.3 调整边缘

“调整边缘”选项可以提高选区边缘的品质，并可以对照不同的背景查看选区以便轻松编辑（如图4-3-4所示）。

“半径”决定选区边界周围的区域大小，并将在此区域中进行边缘调整。增加半径可以在包含柔化过渡或细节的区域中创建更加精确的选区边界，如短的毛发中的边界或模糊边界。

“对比度”锐化选区边缘并去除模糊的不自然感。增加对比度可以移去由于“半径”设置过高而导致在选区边缘附近产生的过多杂色。

“平滑”减少选区边界中的不规则区域以创建更加平滑的轮廓。

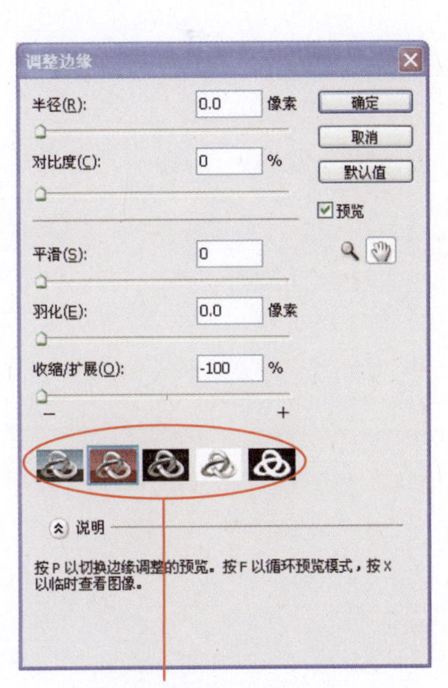

单击“选区视图”图标可更改视图模式

图4-3-4　调整边缘

“羽化”在选区及其周围像素之间创建柔化边缘过渡。

“收缩/ 扩展”收缩或扩展选区边界，这对柔化边缘选区进行微调很有用。收缩选区有助于从选区边缘移去不需要的背景色。

4.4 选区的调整

4.4.1 移动选区的边界

使用任何选区工具，从选项栏中选择“新选区”，然后将指针放在选区边界内，指针将发生变化，表示现在可以移动选区的边界。(如图4-4-1所示)。

4.4.2 移动选区内的图像

图4-4-1 移动选区边界

图4-4-2 移动选区图像

选择移动工具，将指针放在选区边界内，指针将发生变化，表示现在可以移动选区内的图像(如图4-4-2所示)。

4.4.3 隐藏或显示选区的边界

快捷键Ctrl+H可以迅速切换选区边界的显示与隐藏。

在某些操作情况下，闪烁的选区边界会影响我们的观察。如要隐藏选区的边界，选取“视图”>“显示”>“选区边缘”，切换选区边界的显示，但隐藏的选区依然起作用。

4.4.4 选择图像中未选中的部分

选取“选择”>“反向”，可以迅速进行反向选择。例如要选择纯色背景上的对象，则使用魔棒工具选择背景，然后反选选区，即可迅速完成。

快捷键Ctrl+D可以迅速取消当前选区。

4.4.5 取消选区

选取“选择”>“取消选择”，可以取消当前选区。

4.5 快速蒙版

工具栏最下方的快速蒙版按钮，可以将选区转换为临时蒙版以便更轻松地编辑。点击按钮即可在临时蒙版与选区状态间进行切换。默认状态下，受保护区域以半透明的红色进行覆盖，未受保护区域的下层图像则可以完全显示。

要使用快速蒙版模式，一般先建立一个基本选区，再转换为快速蒙版进行深入调整；也可完全在快速蒙版模式创建蒙版。当离开快速蒙板模式时，未受到保护的区域即转换为选区。将选区作为快速蒙版来编辑的最大优点是灵活，可以使用Photoshop中的画笔工具扩展或者收缩选区，或者使用滤镜来修饰边缘，也可以使用选区工具。

双击工具箱中的快速蒙版模式按钮，会出现选项对话框，其中的设置都仅仅是影响蒙版的外观，更改这些设置能使蒙版与图像中的颜色对比更加突出。

在快速蒙版模式中，用画笔工具在快速蒙版上进行描绘会发现，黑色可扩大蒙版区域，白色可扩大被选中区域（如图4-5-1所示）。

a. 切换到快速蒙版状态

b. 使用绘图工具以白色绘制，可扩展被选中区域

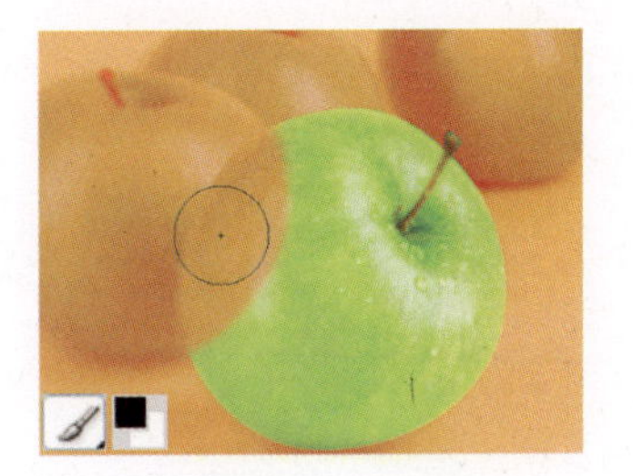

c. 使用绘图工具以黑色绘制，可扩展蒙版区域

图4-5-1 用画笔工具在快速蒙版上进行描绘

4.6 图层蒙版

图层蒙版与快速蒙版的概念基本相同，但它是作用到相应的图层，并且可以被保持。图层蒙版是不同灰度色值转化为不同的透明度，白色为完全透明，黑色为完全不透明，灰色则是半透明。

蒙版的基本作用在于遮挡，即通过蒙版的遮挡，其目标对象的某一部分被隐藏，另一部分被显示，以此实现不同图层之间的混合，达到图像合成的目的。

蒙版共分为“图层蒙版”和“矢量蒙版”两种类型：本章讲述的图层蒙版是与分辨率相关的位图图像，可使用绘画或选择工具进行编辑。在上一章中涉及到的矢量蒙版与分辨率无关，可使用钢笔或形状工具创建。

使用蒙版可保护部分的图层，该图层不能被编辑；蒙版可以控制图层区域内部分内容的隐藏或者显示，更改蒙版可以针对图层应用各种效果；最重要的是，这些操作不会影响该图层上的图像。另外，图层蒙版与选区之间可以相互转换（如图4-6-1所示）。

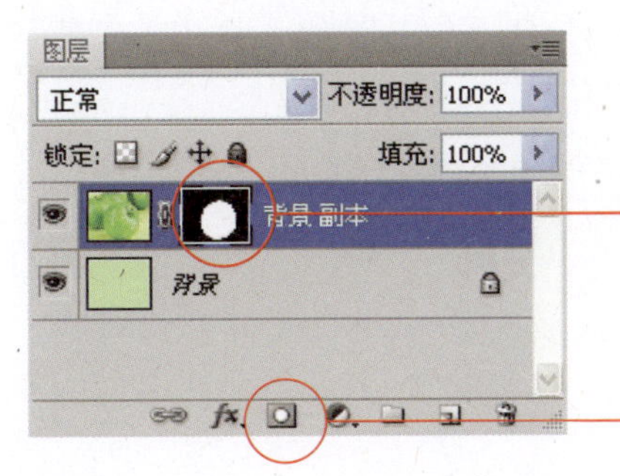

在图层蒙版缩略图上按住Ctrl键点击鼠标，即可将相应的图层蒙版转换为活动选区

点击“添加图层蒙版”按钮，即可将当前的活动选区添加为相应的图层蒙版

图4-6-1 选区与图层蒙版之间的转换

在“图层”面板中单击图层蒙版缩览图，可以使用画笔工具或者填充工具在图层蒙版上进行绘制（如图4-6-2所示）。

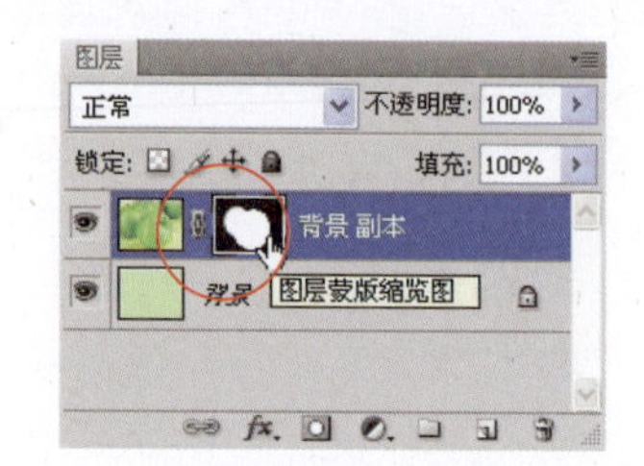

图4-6-2　使用画笔或填充工具在图层蒙版上绘制

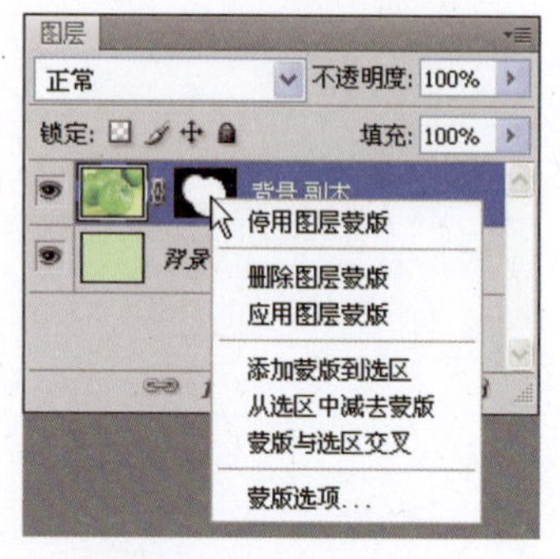

图4-6-3　蒙版操作菜单

在图层蒙版缩略图上点击右键，在弹出菜单中即可执行停用蒙版、删除蒙版、应用蒙版等操作（如图4-6-3所示）。

停用蒙版是将蒙版对于图层的作用暂时停用，其后还可以再次启用。

应用蒙版会改变图像的本身，同时图层蒙版会自动删除。

4.7　Alpha 通道

通道是存储不同类型信息的灰度图像。PS的通道可以分为颜色信息通道、Alpha通道和专色通道三类（如图4-7-1所示）。其中，Alpha通道是将选区存储为灰度图像。

要更加长久地存储一个选区，可以将该选区存储为Alpha 通道。Alpha 通道将选区存储为“通道”面板中的可编辑灰度蒙版，可以使用绘画工具、编辑工具和滤镜等对通道进行操作。简单点说，通道是保存蒙版的容器。

选区可以存储为 Alpha 通道，Alpha 通道也可以转换为选区。具体操作通过选区面板下方的图标按钮即可完成。

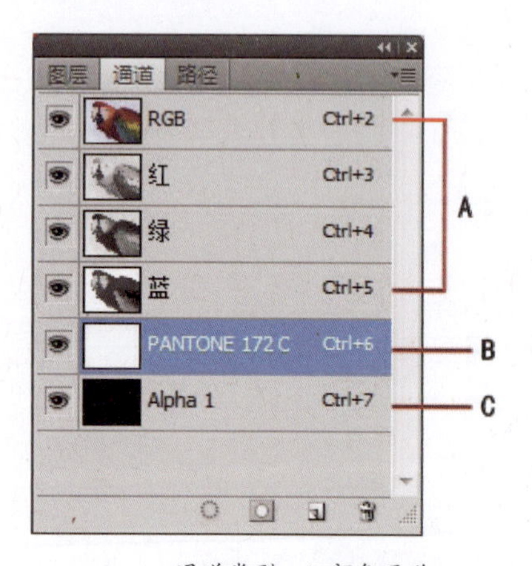

通道类型：A 颜色通道
B 专色通道
C Alpha通道

图4-7-1　PS的通道

【课题训练】

4.8 鼠标抠图/路径转成选区

4.8.1 课题说明

“抠图”是图像处理中最常做的操作之一，又叫作去背景，就是把图片的某一部分从原始图片中分离出来成为单独的元素。其主要目的是为了后期的合成操作做准备。

在平面设计中，文字、图形和色彩是三个主要的视觉要素，而摄影是图形的主要形式。很多时候，我们需要把摄影的主体从背景中分离出来，此时，如何准确的选择成为主要的任务。

在本课题中，我们以鼠标摄影为例，来学习如何准确抠图(如图4-8-1所示)。

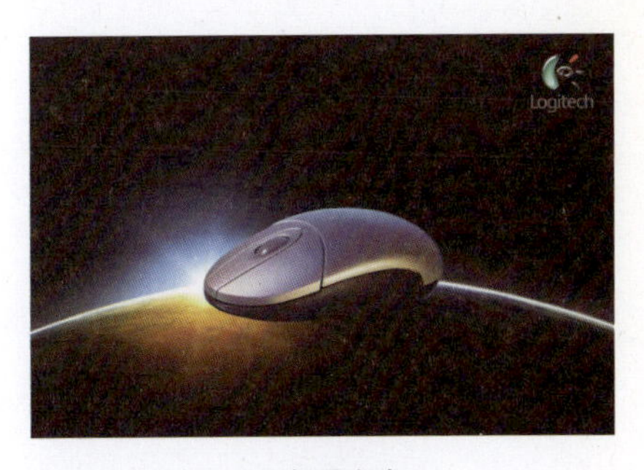

A.抠图合成

B.原摄影素材

图4-8-1　鼠标摄影

4.8.2 课题引导

PS中选择工具和手段众多，而所有的目的只有一个，就是如何准确的选择。使用何种工具和方法，通常根据图像素材的具体情况来决定。在本案例训练中，鼠标的轮廓比较清晰和完整，而且是流畅的弧线形态，所以我们采用钢笔路径工具为主进行选择。

钢笔路径工具除了绘制矢量图形外，另外一个主要的功能就是通过路径来转成选区。以下分步骤讲解：

step 1 打开光盘中的摄影素材文件(光盘/课题训练素材/第4章/鼠标.jpg)，使用钢笔工具沿鼠标边缘绘制封闭路径(如图4-8-2所示）。

图4-8-2　绘制鼠标路径

step 2 路径绘制完成后，点击路径面板下方的“将路径做为选区载入”按钮，即可将路径转为选区(如图4-8-3所示）。

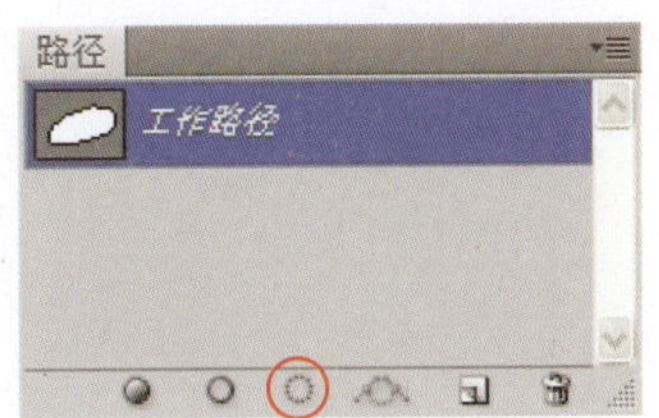

图4-8-3　将路径转为选区

step 3 首先在背景层上点击右键菜单选取“复制图层”，关闭背景图层的显示，选中新复制的图层进行操作。

执行“选择”>“反向”，将选区区域反转选中鼠标之外的背景，然后按Delete键即可删除背景像素形成透明背景(如图4-8-4所示）。抠图到此基本完成。

有关图层面板的知识会在下一章进行重点讲解。

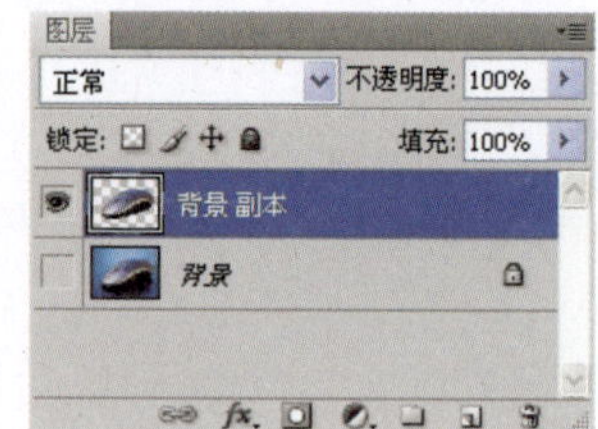

图4-8-4　鼠标抠图

step 4 原摄影素材中由于焦距的原因鼠标前实后虚，但上一步抠图完成后鼠标后半部分的轮廓过于清晰不够真实。在本步骤中，采取将选区转成图层蒙版的方法进行细节的完善。

PS操作的一个重要原则就是尽量不改变原图像像素数据，这样有利于后期的重复调整。

无论在图层蒙版上进行何种操作，对于原图像没有任何像素上的改变，而只是改变了其显示上的透明度。

重新将路径转为选区，在图层面板中选取下方的“添加图层蒙版”按钮，即可将选区转为蒙版。选中图层蒙版图标，使用模糊工具在鼠标后半部分进行模糊处理。这种操作实际上是对蒙版进行模糊，而对于原图像没有任何影响(如图4-8-5所示）。

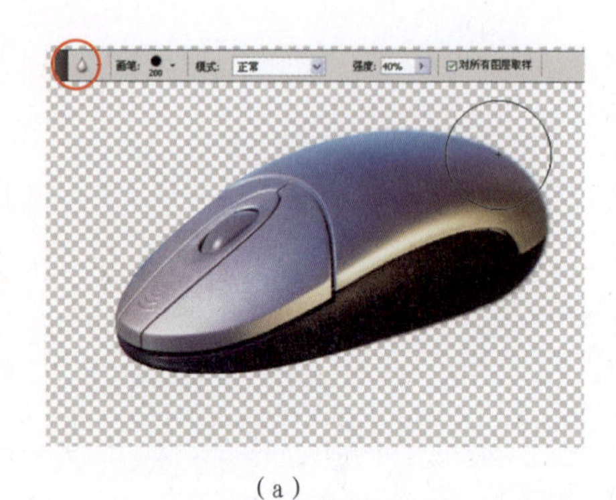

(a)

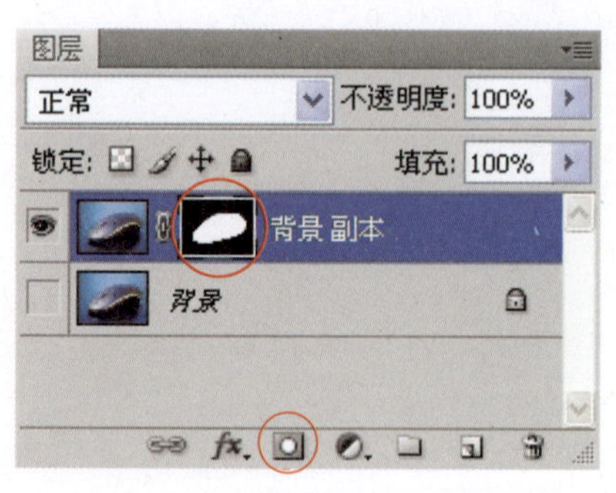

(b)

图4-8-5　蒙版模糊操作

step 5 使用魔棒工具选择标志：打开标志图片文件（光盘/课题训练素材/第4章/标志.jpg）。标志图形的轮廓清晰，而且背景颜色单纯，在这种情况下，最快捷的选择工具就是使用魔棒工具。

选取魔棒工具，首先在选项栏中设置相应的“容差”数值，然后在背景上点击一次即可选中背景，再执行“选择”>“反向”命令，即可反向选中标志图形。再按住Alt键，点击魔棒工具减去字母中某些小的白色背景，即可完成标志的选择(如图4-8-6所示）。

图4-8-6　标志选择

step 6 最后，打开星空图片文件（光盘/课题训练素材/第4章/星空.jpg），将带有蒙版的鼠标图层拖入星空文件中。调整鼠标图像的大小和角度，再加上标志，合成完成(如图4-8-7所示）。

图4-8-7　合成标志与鼠标图像

在这个案例中，使用路径工具来准确选择鼠标，可以说是所有后续操作的基础。先使用路径工具生成边界清晰的选区，再将选区转为图层蒙版，进一步使用绘图工具、柔化工具等修改选区，直至达到理想状态。

4.9 草丛中的野兔/使用通道进行选择

4.9.1 课题说明

本课题主要采用了一张野兔摄影图片和两张草地图片作为素材，来学习如何使用通道选择一个复杂形态的边界，并且合成在一起。

合成的文件主要分为三层，分别是前面的草叶，中间的野兔和后面的草地天空背景。因此，草叶和野兔这两张图片都需要进行选择抠图(如图4-9-1所示)。

A.抠图合成

B.原摄影素材

图4-9-1　合成草叶、野兔和天空背景

4.9.2 课题引导

人像摄影的头发、动物摄影的皮毛，这些边界都比较烦琐复杂。如果使用钢笔工具进行选择，肯定会费力费时。在本案例素材中，野兔的轮廓比较清晰和完整，背景为单纯的白色。在这种情况下，我们可以使用魔棒工具或者快速选择工具进行选择，但是这两种工具的选择都不够精确。

如果要生成高质量的选区，在本案例中我们主要使用Alpha通道来完成选择。通过本案例练习，你一定会发现Alpha通道的奇妙之处。使用Alpha通道会使效率大增，可以快速选中复杂的边界。

以下分步骤讲解：

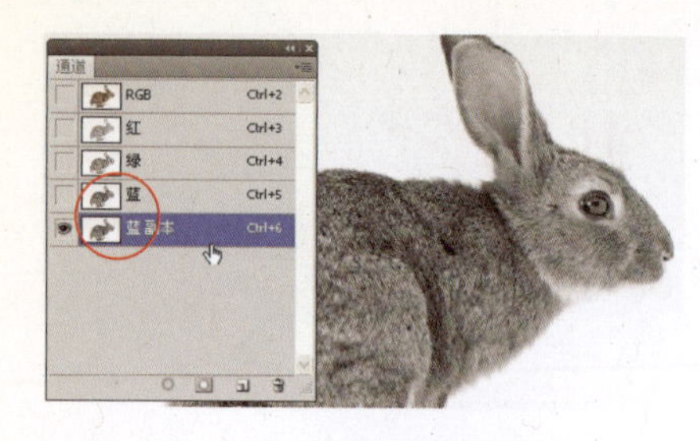

图4-9-2　复制通道副本

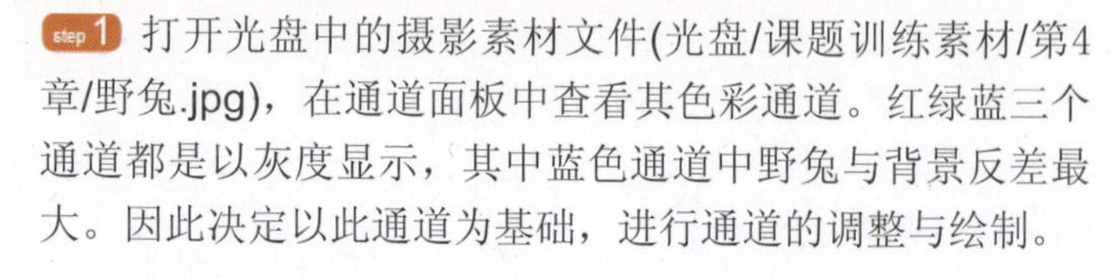

step 1 打开光盘中的摄影素材文件(光盘/课题训练素材/第4章/野兔.jpg)，在通道面板中查看其色彩通道。红绿蓝三个通道都是以灰度显示，其中蓝色通道中野兔与背景反差最大。因此决定以此通道为基础，进行通道的调整与绘制。

在蓝色通道上点击右键选取“复制通道”建立一个副本，我们接下来的调整都在这个复制的Alpha通道上完成(如图4-9-2所示）。

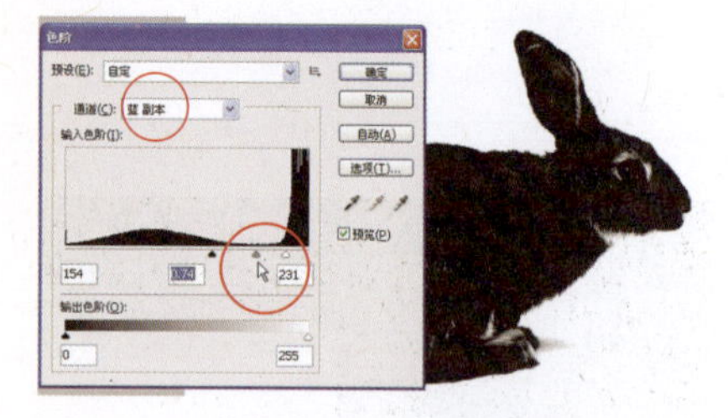

图4-9-3　调整色阶

step 2 选取“图像”>“调整”>“色阶”命令，如图调整色阶滑块，使通道的图像形成黑白分明的效果，增大野兔主体形象与背景的明度反差，由此可以使轮廓变得更加清晰明确(如图4-9-3所示）。

图4-9-4　在通道上绘制

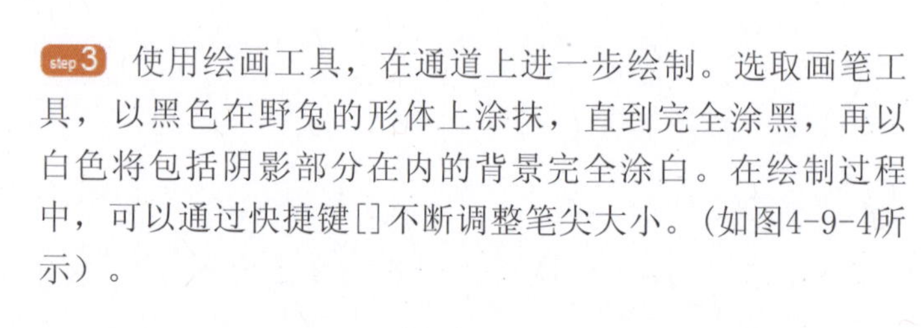

step 3 使用绘画工具，在通道上进一步绘制。选取画笔工具，以黑色在野兔的形体上涂抹，直到完全涂黑，再以白色将包括阴影部分在内的背景完全涂白。在绘制过程中，可以通过快捷键[]不断调整笔尖大小。(如图4-9-4所示）。

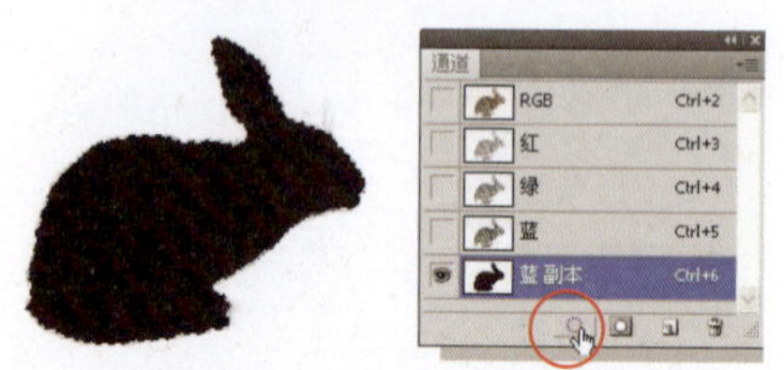

图4-9-5　得到野兔边界选区

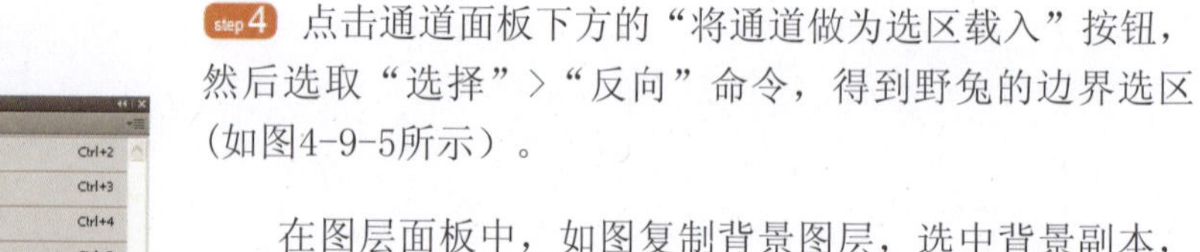

step 4 点击通道面板下方的“将通道做为选区载入”按钮，然后选取“选择”>“反向”命令，得到野兔的边界选区(如图4-9-5所示）。

在图层面板中，如图复制背景图层，选中背景副本，点击“添加图层蒙版”按钮，将选区转为图层蒙版。到此野兔的选择操作基本完成(如图4-9-6所示）。可以如图再添加一个图层并填充为绿色，以便于更好地观察。

图4-9-6　将选区转为图层蒙版

step 5 调整蒙版：如蒙版不够准确，可以使用画笔工具以黑色或者白色在直接蒙版上绘制以缩小或者扩展选择区域。选中图层蒙版图标，可以在蒙版面板中进行更多调整。蒙版面板中的蒙版边缘选项是重点，其中的设置可以逐一尝试，以了解其性能(如图4-9-7所示）。

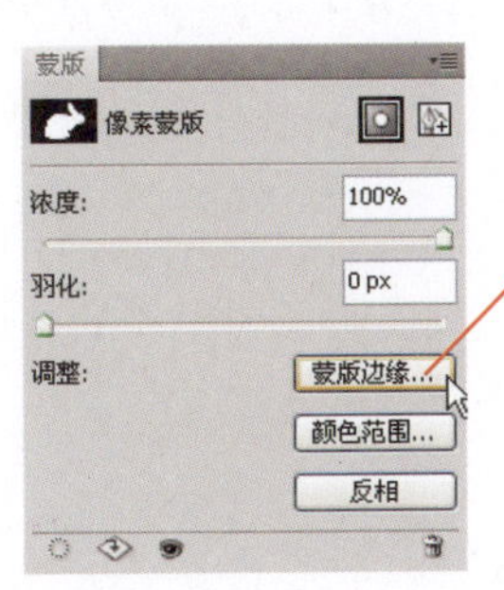

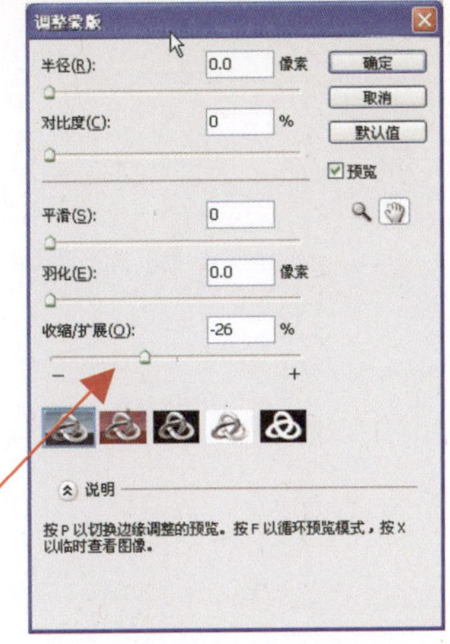

图4-9-7　调整蒙版

step 6 绿草抠图：打开素材文件(光盘/课题训练素材/第4章/绿草.jpg)，采用野兔抠图的同样方法，完成抠图工作(如图4-9-8所示）。

图4-9-8　绿草抠图

step 7 最终合成：打开素材文件(光盘/课题训练素材/第4章/绿草2.jpg)，将制作好选区的野兔和绿草依次拖动到文件中，调整合适的位置与大小，完成合成工作(如图4-9-9所示）。

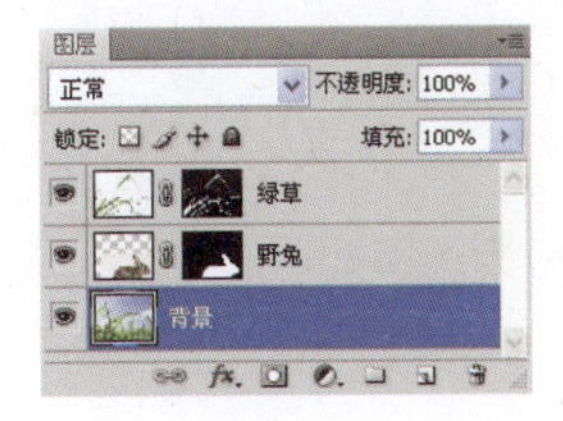

图4-9-9　最终合成

4.10 人像桌面壁纸/使用“抽出”滤镜

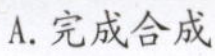

A. 完成合成

B. 素材原稿

图4-10-1　桌面壁纸设计

4.10.1 课题说明

本课题采用一张欧美人像图片作为素材，使用了“抽出”滤镜来选择复杂的头发边界，用渐变填充工具绘制了背景，再加上文字标题完成一张桌面壁纸设计（如图4-10-1所示）。

4.10.2 课题引导

抠图前对素材图片进行全面的分析至关重要。首先要找出画面中抠图的难点，然后再根据难点来确定用什么抠图方法。

摄影素材中的人物蓬松的金发细节众多，轮廓复杂，而且头发与背景的色彩差异比较小，特别是左侧部分。在这种情况下，无法使用上一课题中的通道方法进行选择。

“抽出”滤镜功能强大，运用灵活，容易掌握，运用得好效果极佳，是PS专门用来抠图的滤镜工具。

其他众多滤镜工具会在第8章中进行专题讲解。

在本案例中使用“抽出”滤镜可以比较完美地解决抠取发梢之类的细小物体，结合图层蒙版即可完成工作。

以下分步骤讲解：

step1 打开光盘中的摄影素材文件(光盘/课题训练素材/第4章/人像.jpg)，在通道面板中查看其色彩通道。红绿蓝三个通道中，人像与背景之间都没有比较清晰完整的边界，因此很难通过通道的调整来转成选区(如图4-10-2所示）。

图4-10-2 查看色彩通道

step2 抽出前的分析：

使用抽出滤镜进行抠图，分为全色抠取和单色抠取两种方法。全色抠图是一次性将整个图像中的所有颜色都抠取出来，而单色抠取根据要抠取区域的颜色数来确定抠取的次数，每一种颜色都要单独进行一次抽取操作。相比较而言，单色抠取操作上比较繁琐，但是抠取的结果会更加精确。

图4-10-3 分析头发颜色

素材照片上位于边界的发梢是需要抠取的重点。从头发的颜色上来进行分析，主要由头发固有的金棕色和高光处的白色这两种颜色构成(如图4-10-3所示），因此我们需要使用单色抠图方法，分别针对白色和金棕色进行两次“抽出”操作。

step3 首先在图层面板中进行抽取前的准备工作。将背景图层复制三个副本出来备用（选中背景图层，使用快捷键Ctrl+J可以快速复制），并且在背景层上方新建一个图层填充为深红色。为了表述清楚，我们将图层重新命名为“图层1、2、3”和“红色”(如图4-10-4所示）。

图4-10-4 图层准备

step4 抽取白色高光部分的头发：

选中图层1，选取“滤镜”>“抽出”命令，在弹出的滤镜界面上进行操作。使用“吸管”工具拾取头发高光处的白色做为前景颜色，并选中“强制前景”选项；再使用“边缘高光器”工具，先以大笔触涂满整个头像主体区域，再以小笔触涂画头发边缘的发梢(如图4-10-5所示）。

（a）

（b）

图4-10-5 抽取白色高光部分的头发

step5 点击确定按钮，抽取图层1工作完成。这时可以看到图层中只保留了白色区域的像素，其余部分被删除了。打开其下方的红色图层可以更好地进行观察(如图4-10-6所示）。

图4-10-6 抽取图层1完成效果图

抽出的效果也许出乎想象，例如五官部分像素很不完整，但这不影响最终完成的效果，可以忽略不计。因为本案例中抽出滤镜操作的目的只是针对头发边界的选取，放大查看头发边缘部分的发梢，可以看到白色像素已经被抽取出来了，证明抽取滤镜的操作达到了目的(如图4-10-7所示）。

图4-10-7 放大抽取后头发效果图

也许头发边缘部分除了白色高光像素外，还有一些杂点和多余像素，可以使用橡皮擦工具进行擦除。

step 6 抽取金棕色部分的头发：选中图层2，按照图层1的抽出操作步骤完成即可。

唯一不同的是，在抽出滤镜界面中，要使用“吸管”工具拾取发梢的金棕色作为前景颜色，并选中“强制前景”选项。

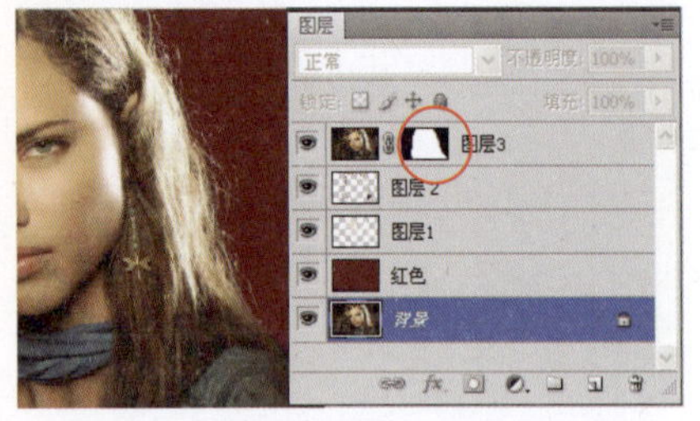

图4-10-8 使用图层蒙版对头部进行抠图

step 7 使用图层蒙版对头部进行抠图：

前面针对图层1和图层2的抽取滤镜操作已经将头发发梢提取出来了，接下来选中图层3，点击“添加图层蒙版”按钮为该图层添加一个蒙版。在没有选区的情况下，这个操作会生成一个完全是白色的蒙版。

使用画笔工具，用黑色的柔化边缘笔尖，在蒙版上涂抹背景区域，会使图层上相应区域变为透明。在涂抹到头发边缘处需要细心操作，以保证图层3与图层1、2在视觉上自然吻合。到此抠图工作全部完成(如图4-10-8所示）。

step 8 使用渐变填充工具绘制背景：

选中红色图层，设置前景色为深红，背景色为玫红。使用渐变填充工具，选取由前景色到背景色渐变方式；同时选中径向渐变，由右下角到左上角拉出渐变，与原摄影素材中右后方打光的光源相吻合，形成带有光线渐变的效果。背景绘制完成(如图4-10-9所示）。

可以进一步调整图层2的不透明度为50%，图层叠加模式为柔光（相关知识会在第5章中讲解），以去掉该图层上的杂点，取得更自然的效果。

最后，使用文字工具输入主题文本，本案例全部完成。

图4-10-9 使用渐变填充工具绘制背景

【总结归纳】

在Photoshop中抠图的方法众多，其中包括橡皮擦、钢笔、套索、魔棒、蒙版、通道、抽出滤镜等等，另外还有多种专门抠图的外插和软件。以下就主要的抠图方法进行归纳：

橡皮擦抠图

橡皮擦抠图是用橡皮擦工具擦掉要去掉的区域，保留主体形象；属于外形抠图的方法，简单方便但处理效果不够精细。主要用于其他方法抠图后的进一步处理。

魔术棒抠图

魔术棒抠图就是用魔术棒工具点选不用的部分，或者点选要用的部分再反选，然后删除，留下有用的部分；属于颜色抠图的范畴，使用简便，但不易达到预期效果。通常用于主体与背景之间色差较大时抠图或用于其他抠图方法的辅助方法。

路径抠图

路径抠图是用钢笔工具绘制路径，然后将路径作为选区载入进行删除操作；也属外形抠图的方法，用于外形比较复杂，色差又不大的图片抠图。辅之以橡皮檫工具，可取得好的效果。

蒙版抠图

蒙版抠图是综合性抠图方法，添加图层蒙版后，关键环节是用白、黑两色画笔反复扩展或者缩小蒙版区域，从而把对象外形完整精细地选出来。

通道抠图

通道抠图属于颜色抠图方法，利用了对象的颜色通道，选择对比度最大的通道对对象进行处理；复制该通道，通过进一步增大对比度，可配合画笔工具进行绘制，完成后将通道转为选区。适用于外形复杂的图像的抠图，如头发、树枝、烟花等等。但要求通道中主体与背景之间有比较明确的边界。

抽出滤镜

蒙版抠图是综合性抠图方法，是PS专门用来抠图的工具。抽出滤镜功能强大，运用灵活，容易掌握，运用得好效果极佳。抽出首先需要作一个大致的选区，并在选区内得到颜色的信息，从而来达到抠取图片之目的。适用于外形复杂或者半透明的图像的抠图，配合其他抠图方法，可以得到极精细的结果。

作为PS功夫的基本马步，抠图必须经过反复的练习，才能体会这么多选择操作方式的精髓，才会因图而异选择最快捷有效的手段。无论是要调整某个局部的色彩，还是要将几张素材合成为一体，前提都是要有准确的选择操作。

生存数字化 / 海报

孕育在母体中的胎儿，表达了数字时代个体的生存境遇。胎儿图形从素材中抠选出后稍加调整，去掉细节凸显轮廓形态。主体图形与红色背景产生虚实对比。

第5章 图层、样式与动作

——将复杂的招式化解

图层是Photoshop的一个基本概念，可以将一幅复杂的作品分解为简单直观的图层。由于其操作灵活，便于管理，因而具有重要的使用价值。样式可以为图层生成特殊效果，并且可以自由调整。动作是操作过程的记录，并可以重复应用，将设计师从繁杂的重复操作中解脱出来。

【知识阐述】

5.1 什么是图层

Photoshop图层就如同堆叠在一起的透明纸，可以透过图层的透明区域看到下面的图层(如图5-1-1所示)。

图5-1-1 图层含义示例

可以使用图层来执行多种任务，如通过移动图层来定位图层上的内容，复合多个图像，向图像添加文本或添加矢量图形，应用图层样式来添加特殊效果，如投影或发光；还可以通过调整图层的不透明度和混合模式，产生更多视觉效果。

最重要的是，使用图层可以保留原图像数据的完整性，而且便于后期进行重复调整与修改。

5.1.1 图层面板

“图层”面板可以理解为图层管理器，它列出了图像中的所有图层、图层组和图层效果。可以使用“图层”面板来显示和隐藏图层、创建新图层以及处理图层组(如图5-1-2所示)。

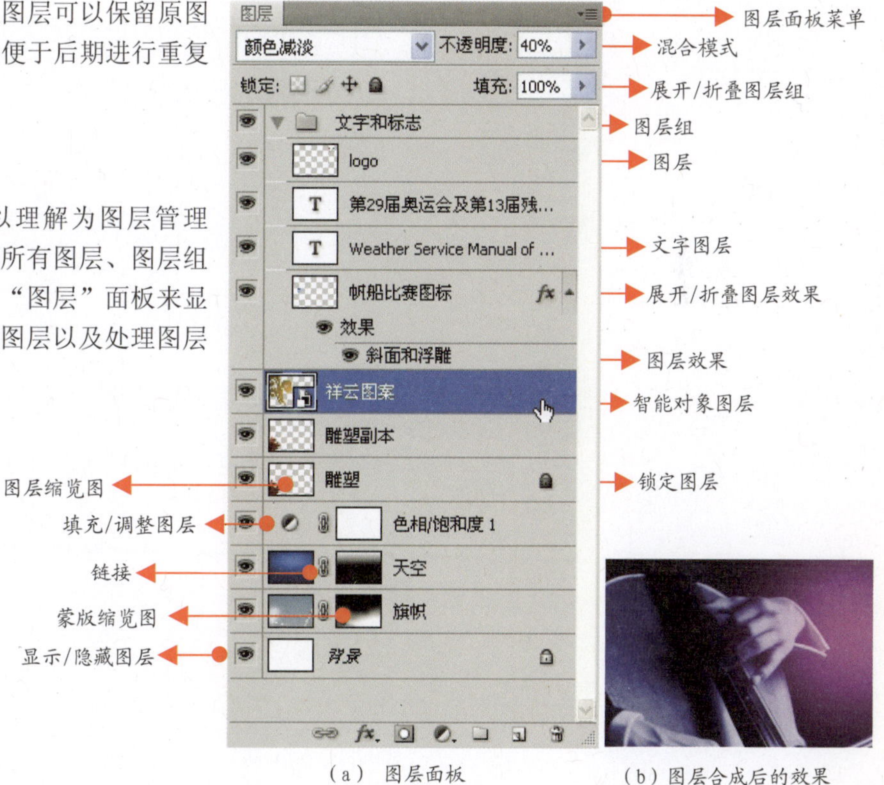

(a) 图层面板 (b) 图层合成后的效果

图5-1-2 “图层”面板详解

5.1.2 智能对象

智能对象是包含栅格或矢量图像（如Photoshop 或 Illustrator 文件）中的图像数据的图层。智能对象将保留图像的源内容及其所有原始特性，从而让您能够对图层执行非破坏性编辑。可以利用智能对象执行以下操作：

•执行非破坏性变换。可以对图层进行缩放、旋转、斜切、扭曲、透视变换或使图层变形，而不会丢失原始图像数据或降低品质，因为变换不会影响原始数据。

•处理矢量数据（如 Illustrator 中的矢量图片），若不使用智能对象，这些数据在 Photoshop 中将进行栅格化。

•非破坏性应用滤镜。可以随时编辑应用于智能对象的滤镜。

•编辑一个智能对象并自动更新其所有的链接实例。

可以用以下几种方法创建智能对象：使用“打开为智能对象”命令，置入文件，从 Illustrator 粘贴数据，将一个或多个Photoshop 图层转换为智能对象。

5.1.3 形状图层

是使用形状工具或钢笔工具来创建的图层。可以方便地移动、对齐、分布形状图层以及调整其大小。形状图层包含定义形状颜色的填充图层以及定义形状轮廓的链接矢量蒙版。

形状轮廓是路径，它出现在“路径”面板中。

5.1.4 填充/调整图层

关于“调整图层”与“调整面板”会在下一章中进行详细讲解。

调整图层可将颜色和色调调整应用于图像，而不会永久更改像素值。例如，您可以创建“色阶”或“曲线”调整图层，而不是直接在图像上调整“色阶”或“曲线”。颜色和色调调整存储在调整图层中，您可以随时扔掉更改并恢复原始图像。调整图层将影响其下方的所有图层。通过做出一次调整即可校正多个图层，而无需单独调整每个图层。

填充图层使您可以用纯色、渐变或图案填充图层。与调整图层不同，填充图层不影响它们下面的图层。

5.2 图层的主要操作

5.2.1 转换背景和图层

使用白色背景或彩色背景创建新图像时，“图层”面板中最下面的图像称为背景。一幅图像只能有一个背景图层。不能更改背景图层的堆栈顺序、混合模式或不透明度。创建包含透明内容的新图像时，图像没有背景图层。

可以将背景转换为常规图层，双击“图层”面板中的“背景”，或者选取“图层”>“新建”>“图层背景”。

也可以将图层转换为背景，在“图层”面板中选择图层，选取“图层”>“新建”>“图层背景”。

5.2.2 对齐/均匀分布不同图层上的对象

使用移动工具在“图层”面板中按住Shift键选中多个图层，或者选择一个组。在移动工具的选项栏中，选取相应的“对齐/分布”按钮（如图5-2-1所示）。逐一尝试即可理解。

要将一个或多个图层的内容与某个选区边界对齐，可在图像内建立一个选区，然后在“图层”面板中选择图层。使用此方法可对齐图像中任何指定的点。

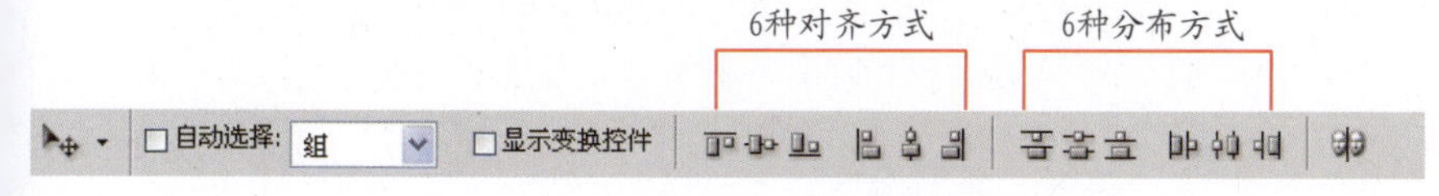

图5-2-1　“图层”面板按钮

5.2.3 链接图层

可以链接两个或更多个图层或组，以保持共同的位置和比例关系。与同时选定的多个图层不同，链接的图层将保持关联，直至取消它们的链接为止。还可以对链接图层进行同时移动或应用变换（如图5-2-2所示）。

选择多个图层或组，单击“图层”面板底部的链接图标即可完成链接。选择一个链接的图层，然后单击链接图标即可解除链接。

图5-2-2　链接图层

5.2.4 合并和盖印图层

最终确定了图层的内容后，可以合并图层以缩小图像文件的大小。在合并图层时，顶部图层上的数据替换它所覆盖的底部图层上的任何数据。在合并后的图层中，所有透明区域的交迭部分都会保持透明。选择想要合并的图层和组，选取“图层”>“合并图层”即可合并多个图层。如选取“图层”>“拼合图像”，或从图层面板菜单中选取“拼合图像”，即可拼合所有图层。

盖印图层可以将多个图层的内容合并为一个目标图层，同时使其他图层保持完好。选择多个图层，按Ctrl+Alt+E 组合键即可盖印图层，在图层面板中将自动创建一个包含合并内容的新图层。按 Shift+Ctrl+Alt+E 组合键可以盖印所有可见图层。

5.3 图层混合模式

图层混合模式是图层面板中最核心的功能，也是在图像处理中最为常用的一种技术手段。使用图层混合模式可以创建各种图层特效，实现充满创意的平面设计作品。

图层混合模式即上层的像素如何与下层的像素进行混合。图层混合模式的下拉菜单中，共计有6大类25种不同的混合模式。混合模式概念上比较难以理解，只有多多体验，才会体会到其强大的功能，如图5-3-1所示。

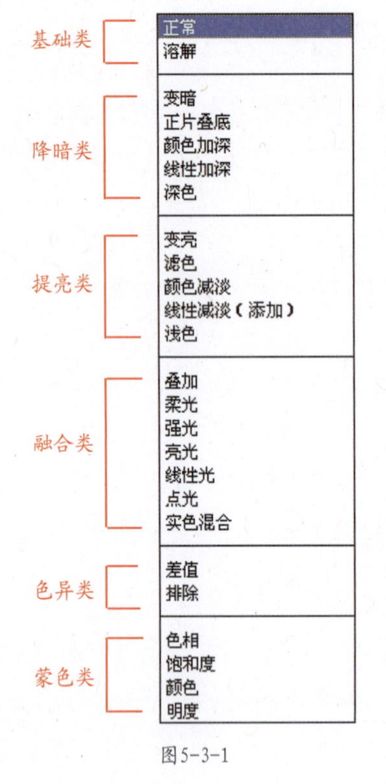

图5-3-1

5.3.1 基础类混合模式

这一类是利用上层的不透明度和填充值来达到与下层之间的混合目的。共有2种模式，如图5-3-2所示。

正常：也是默认的模式。不和其他图层发生任何混合。

溶解：如果上方图层具有虚化边缘或者不透明度，选择该项则可以创建像素点状效果。

（a） 正常模式

（b） 溶解模式（50%不透明度）

图5-3-2 基础类混合模式

“混合模式”主要包括“颜色混合模式”“图层混合模式”“通道混合模式”3类，三者之间有细微的差别，但是原理都是相同的，都是通过在选项栏中指定混合模式，以控制图像中像素如何受绘画或编辑工具的影响。

本节重点讲解“图层混合模式”。在使用绘画工具、填充工具和通道计算时，也都有类似的“混合模式”选项可供使用。

5.3.2 降暗类混合模式

这一类主要通过滤除图像中的亮色，来达到使图像变暗目的。共有5种模式，如图5-3-3所示。

变暗：两个图层中较暗的颜色将作为混合的颜色保留，比混合色亮的像素将被替换，而比混合色暗的像素保持不变。

正片叠底：整体效果显示由上方图层和下方图层的像素值中较暗的像素合成的图像效果，任意颜色与黑色重叠时将产生黑色，任意颜色和白色重叠时颜色则保持不变。

颜色加深：选择该项将降低上方图层中除黑色外的其他区域的对比度，使图像的对比度下降，产生下方图层透过上方图层的投影效果。

线性加深：上方图层将根据下方图层的灰度与图像融合，此模式对白色无效。

深色：根据上方图层图像的饱和度，然后用上方图层颜色直接覆盖下方图层中的暗调区域颜色。

（a） 变暗模式

（d）线性加深模式

（b）正片叠底模式

（e）深色模式

（c）颜色加深模式

图5-3-3 降暗类混合模式

5.3.3 提亮类混合模式

与上一类正好相反，这一类主要通过滤除图像中的暗色，来达到使图像提亮目的。共有5种模式，如图5-3-4所示。

变亮：使上方图层的暗调区域变为透明，通过下方的较亮区域使图像更亮。

滤色：该项与“正片叠底”的效果相反，在整体效果上显示由上方图层和下方图层的像素值中较亮的像素合成的效果，得到的图像是一种漂白图像中颜色的效果。

颜色减淡：和“颜色加深”效果相反，“颜色减淡”是由上方图层根据下方图层灰阶程序提升亮度，然后再与下方图层融合，此模式通常可以用来创建光源中心点极亮的效果。

线性减淡：根据每一个颜色通道的颜色信息，加亮所有通道的基色，并通过降低其他颜色的亮度来反映混合颜色，此模式对黑色无效。

（a）变亮模式

（b）滤色模式

（c）颜色减淡模式

（d）线性减淡模式

图5-3-4 提亮类混合模式

(e) 浅色模式

浅色：该项与“深色”的效果相反，此项可根据图像的饱和度，用上方图层中的颜色直接覆盖下方图层中的高光区域颜色。

5.3.4 融合类混合模式

这一类主要用于不同程度的融合图像，它们的共同点是使图像对比更强烈。共有7种模式，如图5-3-5所示。

叠加：此项的图像最终效果取决于下方图层，上方图层的高光区域和暗调将不变，只是混合了中间调。

(a) 叠加模式

(b) 柔光模式

柔光：使颜色变亮或变暗让图像具有非常柔和的效果，亮于中性灰底的区域将更亮，暗于中性灰底的区域将更暗。

强光：此项和“柔光”的效果类似，但其程度远远大于“柔光”效果，适用于图像增加强光照射效果。

(c) 强光模式

(d) 亮光模式

亮光：根据融合颜色的灰度减少对比度，可以使图像更亮或更暗。

线性光：根据上层颜色的灰度，来减少或增加图像亮度，使图像更亮。

点光：按照上层颜色分布信息来替换颜色。如果混合色比50%灰度色亮，则将替换混合色暗的像素，而不改变混合色亮的像素；反之如果混合色比50%灰度色暗，则将替换混合色亮的像素，而不改变混合色暗的像素。

实色混合：根据上下图层中图像颜色的分布情况，用两个图层颜色的中间值对相交部分进行填充，会将所有像素更改为原色：红色、绿色、蓝色、青色、黄色、洋红、白色或黑色。利用该模式可以制作出对比度较强的色块效果。

(e) 线性光模式

(f) 点光模式

(g) 实色混合模式

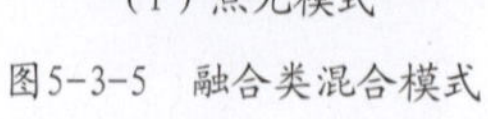

图5-3-5 融合类混合模式

5.3.5 色异类混合模式

这一类的共同点是使图像前后对比产生非常大的反差。共有2种模式，如图5-3-6所示。

差异：上方图层的亮区将下方图层的颜色进行反相，暗区则将颜色正常显示出来，效果与原图像是完全相反的颜色。

排除：创建一种与“差值”模式类似但对比度更低的效果。与白色混合将反转基色值，与黑色混合则不发生变化。

（a）差异模式

（b）排除模式

图5-3-6　色异类混合模式

5.3.6 蒙色类混合模式

这一类主要用于不同程度的融合图像，它们的作用都是为了修饰图像，例如给黑色照片上色等。共有4种模式，如图5-3-7所示。

色相：由上方图像的混合色的色相和下方图层的亮度和饱和度创建的效果。

饱和度：由下方图像的亮度和色相以及上方图层混合色的饱和度创建的效果。

颜色：由下方图像的亮度和上方图层的色相和饱和度创建的效果。这样可以保留图像中的灰阶，对于给单色图像上色和彩色图像着色很有用。

亮度：创建与“颜色”模式相反的效果，由下方图像的色相和饱和度值及上方图像的亮度所构成。

（a）色相模式

（b）饱和度模式

（c）颜色模式

（d）亮度模式

图5-3-7　蒙色类混合模式

5.4 图层效果和样式

Photoshop 提供了各种效果（如阴影、发光和斜面）来更改图层内容的外观。图层效果与图层内容链接。移动或编辑图层的内容时，修改的内容中会应用相同的效果。例如，如果对文本图层应用投影并添加新的文本，则将自动为新文本添加阴影。

图层样式是应用于一个图层或图层组的一种或多种效果。可以应用 Photoshop 附带提供的某一种预设样式，或者使用“图层样式”对话框来创建自定样式。

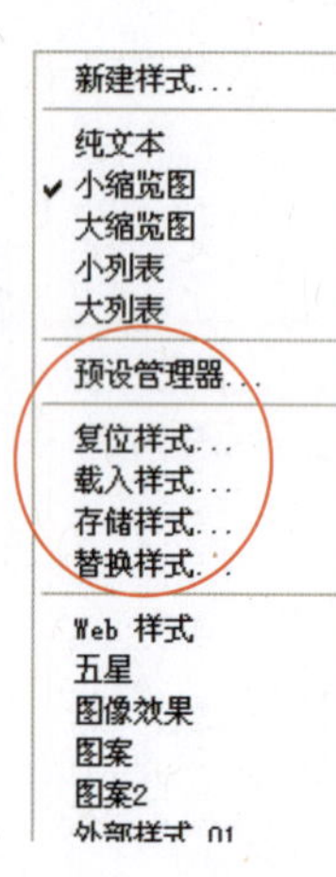

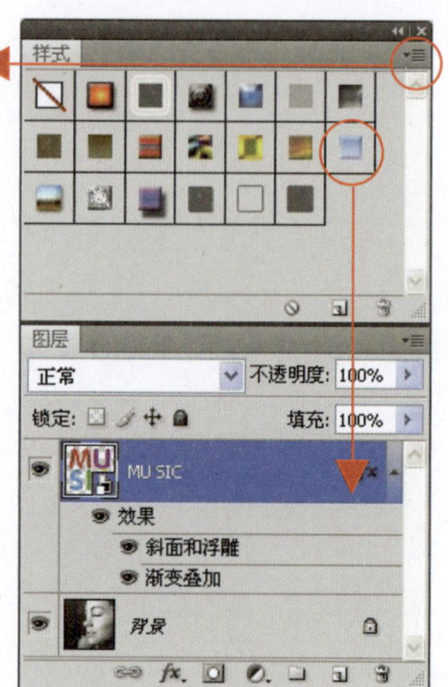

图5-4-1 应用预设样式

5.4.1 应用预设样式

选取“窗口”>“样式”，在“样式”面板中单击一种样式以将其应用于当前选定的图层，也可以将样式从“样式”面板拖动到“图层”面板中的图层上。(如图5-4-1所示)。

5.4.2 复制样式

如果要应用另一个图层中的样式，则在“图层”面板中，按住 Alt 键并从图层的效果列表拖动样式，将其拷贝到另一个图层即可。

5.4.3 缩放图层效果

选取“图层”>“图层样式”>“缩放效果”，能够缩放图层样式中的效果，而不会缩放应用了图层样式的对象。

5.4.4 图层样式对话框

可以编辑应用于图层的样式，或使用“图层样式”对话框创建新样式。点击图层面板下方的“添加图层样式”图标，在弹出的对话框中共提供了10种样式的设置，在每个样式的设置中都有很多选项，设置虽然繁杂，但不难理解（如图5-4-2所示）。

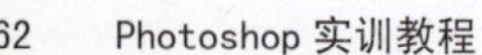

如果同时选中多个样式，会得到更加复杂的效果。

投影

内投影

外发光

内发光

截面和浮雕

光泽

颜色叠加

渐变叠加

图案叠加

描边

（a） 图层样式示例

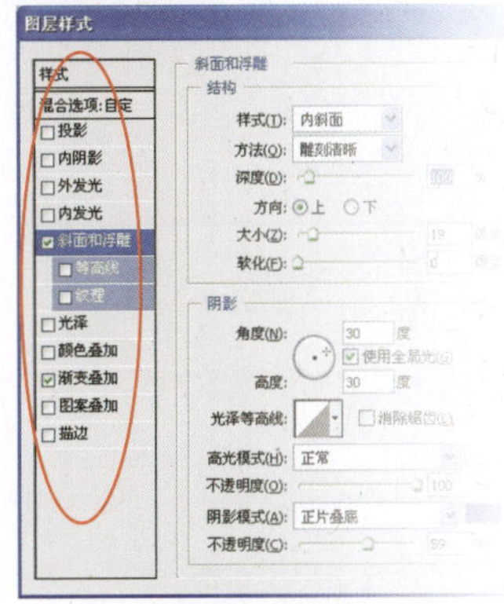

（b）图层样式面板

图5-4-2 图层样式操作

5.5 动作

动作是指在单个文件或一批文件上执行的一系列任务，如菜单命令、面板选项、工具动作等。例如，可以创建这样一个动作，首先更改图像大小，对图像应用效果，然后按照所需格式存储文件。

记录动作的目的是为了再次使用它。在 Photoshop 中，动作是批处理的基础，批处理可以自动处理批量文件。可以使用预定义的动作，根据自己的需要来修改它们，或者创建新动作。

如果需要把上百张图片调整到同样的尺寸，这种重复的操作就可以先记录为一个动作，然后通过批处理将这个动作应用到所有的文件，计算机就会帮你自动完成任务了。

5.5.1 动作面板

使用“动作”面板可以记录、播放、编辑和删除各个动作。此面板还可以用来存储和载入动作文件（如图5-5-1所示）。

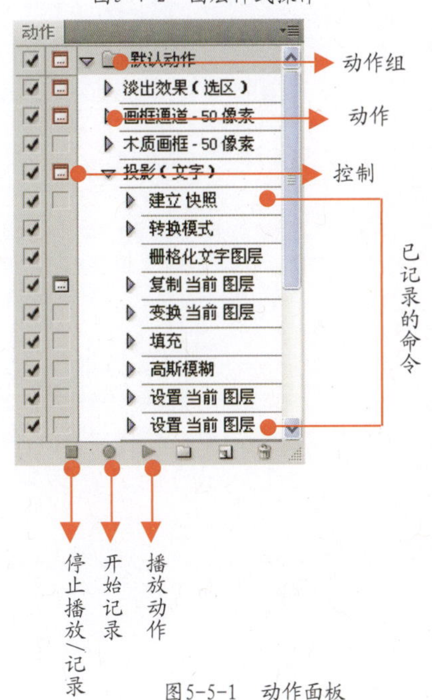

图5-5-1 动作面板

5.5.2 播放动作

选择要对其播放动作的对象或打开文件，再选择该动作的名称，然后在“动作”面板中单击“播放”按钮，或从面板菜单中选择“播放”。在动作面板中可以看到，PS自动由前至后逐一播放动作中的命令。

5.5.3 记录动作

并不是动作中的所有任务都可以直接记录；不过，可以用“动作”面板菜单中的命令插入大多数无法记录的任务。

在“动作”面板中，单击“创建新动作”按钮，或从“动作”面板菜单中选择“新建动作”。单击面板下方“开始记录”按钮，按钮变为红色表示正在记录中，此时执行要记录的操作和命令即可。可以看到当前操作都被记录在面板中。若要停止记录，请单击“停止播放/记录”按钮。

5.5.4 批量处理

PS中针对照片的批量处理专门设计了图像处理器。与“批处理”命令不同，您不必先创建动作，就可以使用图像处理器来处理照片的格式与像素大小。

选取“文件”>“脚本”>“图像处理器”即可打开。

选取“文件”>“自动”>“批处理”，可以对一个文件夹中的文件执行同一动作。

批处理的步骤基本分为三步，首先在“批处理”对话框中，在“组”和“动作”弹出式菜单中，指定要用来处理文件的动作，菜单会显示“动作”面板中可用的动作；然后从“源”弹出式菜单中选取要处理的文件；最后设置处理、存储和文件命名选项。

【课题训练】

5.6 黑白照片上色/使用图层混合模式

5.6.1 课题说明

图5-6-1　黑白照片上色

传统的黑白照片上色是采用透明水彩色直接在照片上绘制，掌握了PS，这个工作就变得轻松多了。此课题就是把一张黑白照片素材改为彩色照片效果。

在上色时，最需要注意的是色彩的冷暖关系，要假设光源的颜色。例如在本案例中，通过脸部色彩就可以看出，受光面是冷色光源，而背光面是暖色光源，这样的上色会更具有真实感。另外，整体色调偏冷色，而且纯度较低，从而可以营造出冷峻和虚幻感；刀柄和瞳孔的颜色纯度较高，形成视觉上的焦点(如图5-6-1所示)。

5.6.2 课题引导

PS中为黑白照片上色的方法很简单，主要利用了图层混合模式来达到新上的色彩与底层的原黑白图像的融合。以下分步骤讲解：

图5-6-2　打开上色的素材文件

step1 打开光盘中的摄影素材文件(光盘/课题训练素材/第5章/黑白.jpg)(如图5-6-2所示）。

图5-6-3　素材衣服及背景着色

step2 新建一个图层，命名为“衣服”，并将图层混合模式改为“柔光”。

使用柔边笔尖的画笔工具，分别以深红色和暗绿色将衣服及其后的背景着色(如图5-6-3所示）。

图5-6-4　素材皮肤及头发着色

step3 按照以上方法，新建“皮肤”“桌面”和“头发”图层，用画笔工具分别以相应颜色完成着色。注意皮肤和头发部分的色相变化与冷暖关系(如图5-6-4所示）。

图5-6-5　素材“眼睛”“嘴唇”及“匕首”着色

step 4 按照以上方法，新建“眼睛”“嘴唇”和“匕首”，并将图层混合模式改为“颜色”，用画笔工具分别以相应颜色完成着色。如果色彩过艳，可以降低图层的不透明度，直至最终完成(如图5-6-5所示）。

图5-7-1　音乐会海报

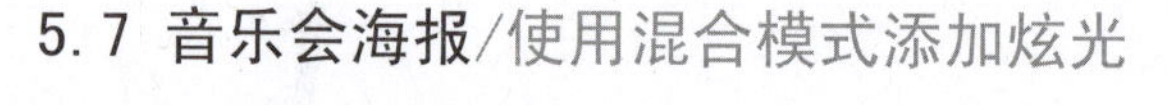

5.7 音乐会海报/使用混合模式添加炫光

5.7.1 课题说明

这是一幅为音乐学院师生大提琴演奏会设计的海报。海报即是张贴在公共场合中的大幅平面广告，要求在远距离就能够清晰地将视觉信息传递出去。

本课题主要是对原黑白素材图片进行润色调整，增加了光感与动感，使视觉上的感受更加具有音乐的韵味(如图5-7-1所示)。

5.7.2 课题引导

首先调整了图片的色彩，然后添加光芒与光线，这些操作主要利用了图层，以及不同的图层混合模式。以下分步骤讲解：

step 1 打开光盘中的摄影素材文件(光盘/课题训练素材/第5章/音乐.jpg)，添加一个新图层，使用“叠加”模式，并使用深蓝色填充图层，将原来的黑白照片改为深蓝色的单色效果(如图5-7-2所示）。

（a）打开素材文件

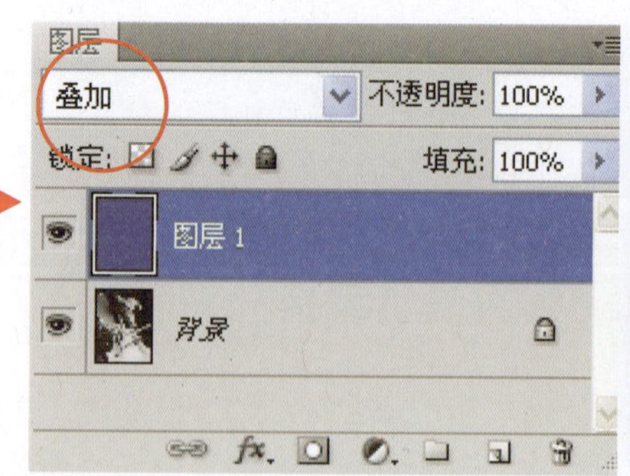

（b）添加图层

（c）填充图层

图5-7-2　打开素材文件添加图层及填充图层

step 2 添加光芒：新建“光芒”图层，改为“变亮”模式，使用画笔工具分别在右上及左下方以紫红色绘制带有柔边的大光点(如图5-7-3所示）。

（b）

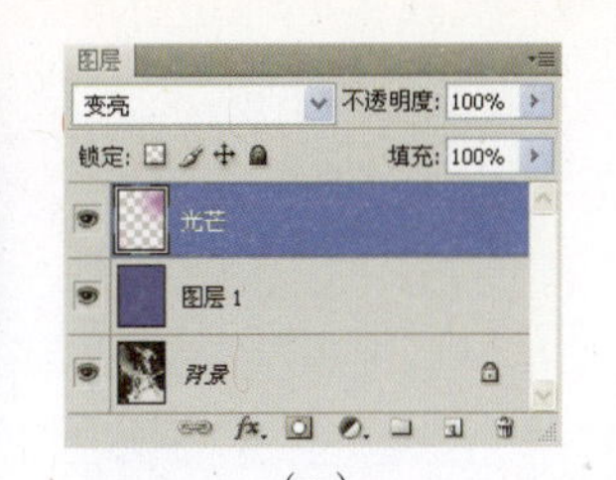

（a）

图5-7-3　添加光芒

step 3 绘制光线：新建“光线”图层组，然后在其下新建一个“光”图层。使用矩形选框工具绘制一个选区，然后用白色柔边画笔在选区边界外侧点击绘制。由于选区的作用，所以只能在选区内显示出圆形笔触的小半部分。

然后取消选择，选取“编辑”>“自由变换”命令，将刚才绘制的光线向两边拉伸，并进行旋转。旋转的角度注意对齐素材图像中的琴弓。调整到位后，在变换区域内双击鼠标确认完成操作(如图5-7-4所示）。

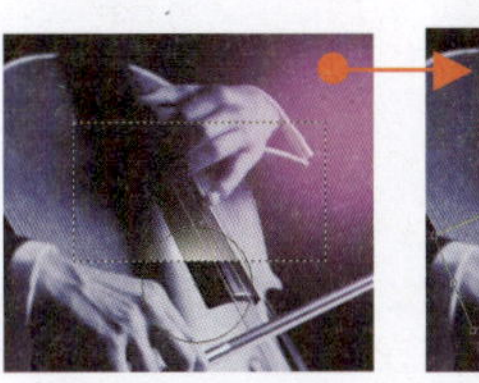

（a）　　（b）

图5-7-4　绘制光线

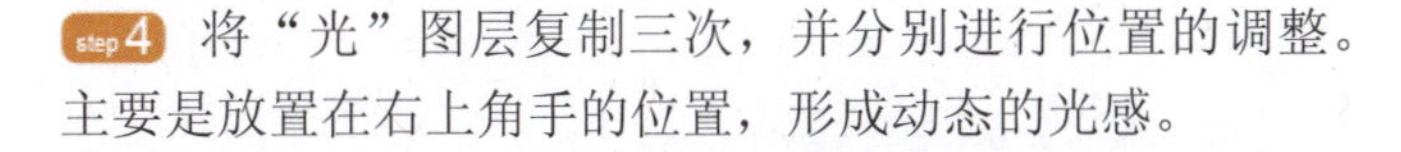

step 4 将“光”图层复制三次，并分别进行位置的调整。主要是放置在右上角手的位置，形成动态的光感。

完成调整后，再将“光线”图层组复制一个出来，将混合模式改为“颜色减淡”。调整其中的图层，主要是位置移动到画面的左下角区域，并进行缩小调整(如图5-7-5所示）。

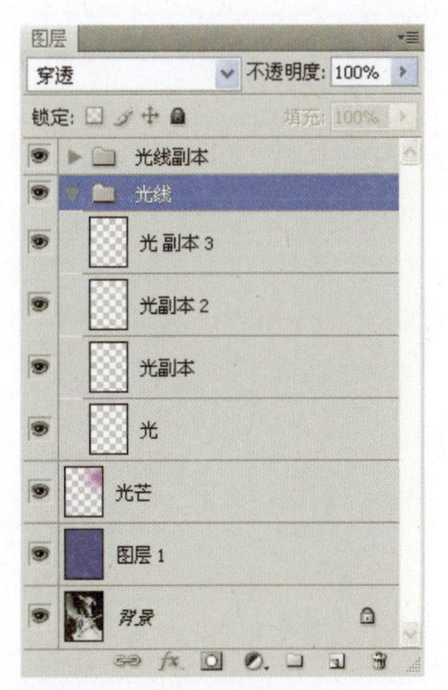

图5-7-5　调整“光线”及“光”

step 5 新建一个“光点”图层，使用画笔工具绘制出散布的小光点，象征着演奏的音符(画笔工具的设置可以参考3.7 音乐主题桌面壁纸设计)。最后，将主题文字输入并进行编排，本案例全部完成(如图5-7-6所示）。

（b）

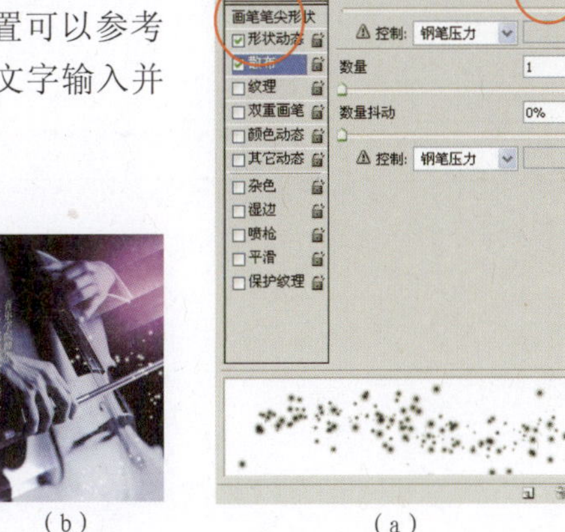

（a）

图5-7-6　新建“光点”及输入主题文字

【总结归纳】

Photoshop中的图像通常是由多个图层叠合组成，通过设置图层混合模式和效果样式，可以使最终图像呈现丰富的视觉感受。不同的混合模式产生的效果对初学者来说有时难以把握，但在多次实践后就能够逐渐找到其中规律。

动作的概念比较容易理解，它可以把某一组动作记录下来再重复应用，它是把设计师从机械、重复的工作任务中解放出来的一大利器。

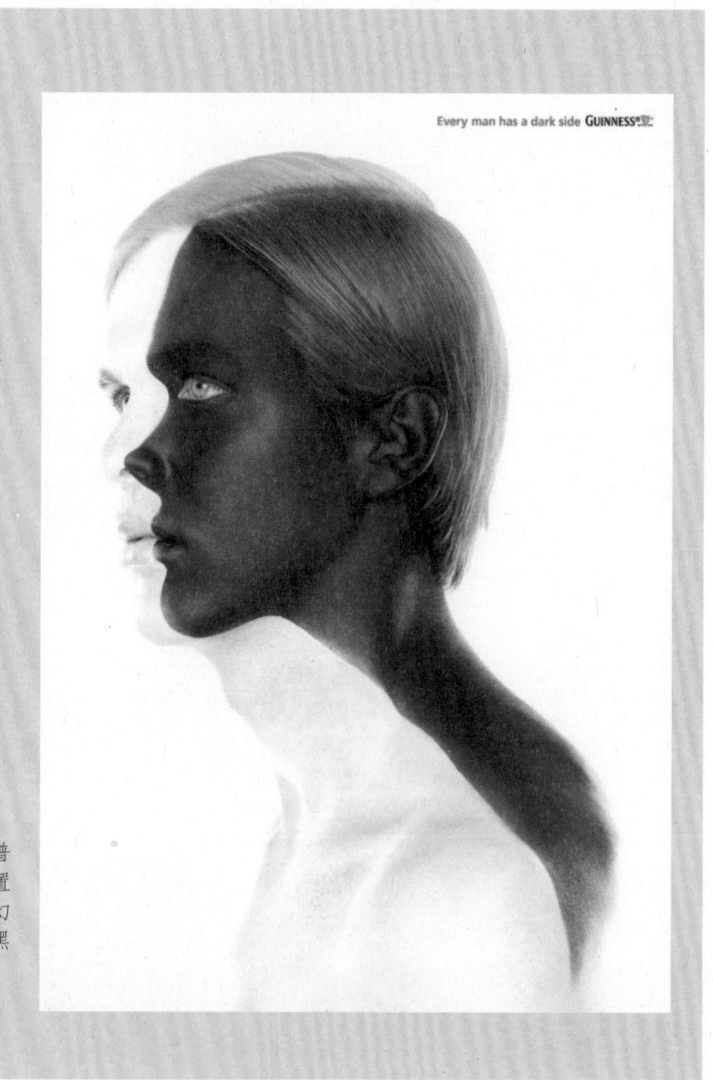

吉尼斯非酒精饮料广告

设计师采用简练而巧妙的手法，在一个普通的人像素材图片基础上，通过选区设置然后加以明暗度调整，营造出了似真似幻的奇妙视觉感受，表达了“每个人都有黑暗的一面”这一主题。

第6章 图像的调整

——让黯淡的照片焕发光彩

图像菜单中的调整命令组，是PS处理照片的核心功能组。黯淡的照片只有通过调整才会呈现出理想的状态。对于一些本身存在缺陷(例如摄影时曝光过度或曝光不足)或扫描参数设置不当而获得的图片原稿，需要在Photoshop软件中进行后期调整。无论针对图像的高光、中间调还是暗调进行调节，都会不同程度影响到整个画面，因此在调整过程中要针对问题进行细微调节。

【知识阐述】

6.1 直方图/图像色彩调整依据

在Photoshop中有一个专门测试图像色彩质量的控制面板，帮助我们正确地判断出图像出现的色彩问题，这些问题主要包括色彩的明暗、色相及饱和度等。直方图用图形表示图像的每个亮度级别的像素数量，展示像素在图像中的分布情况；全色调范围的图像在所有区域中都有大量的像素，识别色调范围有助于确定相应的色调校正。

图6-1-1 原稿

打开本书配套光盘“第六章”中的“水果.jpg”图像（如图6-1-1所示），执行菜单栏中的“窗口”>“直方图”命令，显示“直方图”控制面板（如图6-1-2所示）。

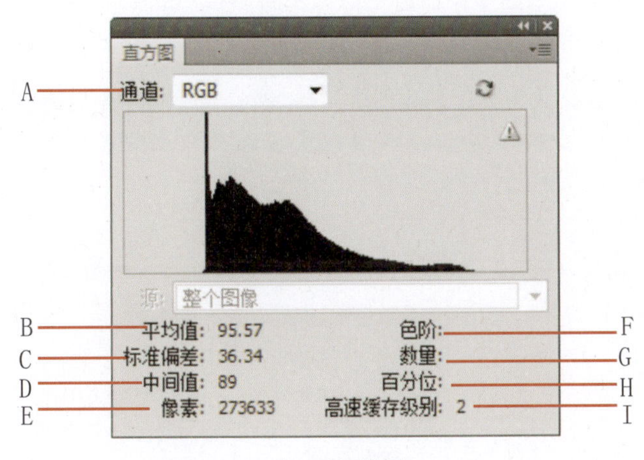

图6-1-2 直方图控制面板

A、“通道”：在其右侧的下拉列表中可以选择每一种单色通道中的明暗分布状态。通常情况下选择RGB通道。

B、“平均值”：显示图像像素亮度的平均值。

C、“标准偏差”：显示图像像素颜色值的变化范围。

D、“中间值”：显示图像像素亮度的中间值。

E、“像素”：显示图像中总的像素数量。

F、“色阶”：显示光标所在位置的灰度色阶值。

G、“数量”：显示光标所在位置的像素数量。

H、“百分位”：显示光标所在位置的像素数量占图像总像素数A的百分位数。

I、“高速缓存级别”：显示图像高速缓存的设置。

在“直方图”控制面板“峰值显示区域”中，如果峰形偏左，表明当前图像的暗区较多；如果峰形偏右，表明图像的亮区较多；如果峰形集中分布在中间，表明图像的中间色调较多，缺乏明显的时比；如果峰形中间存在间隙，说明图像色阶不连续，图像颜色缺乏柔和性。

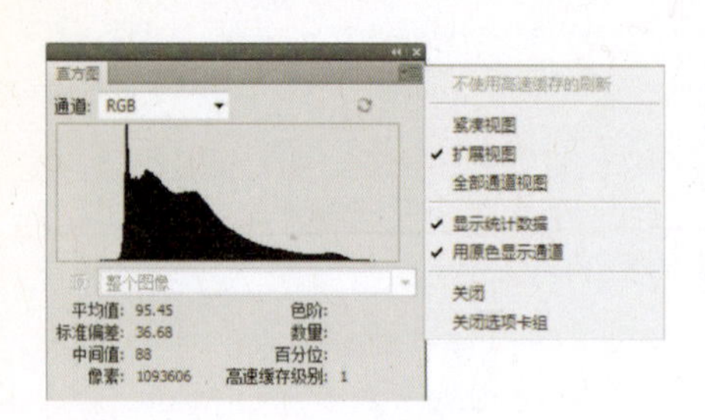

图6-1-3　直方图控制面板

单击 按钮，在弹出菜单中调整直方图面板的视图（如图6-1-3所示）。

（1）扩展视图。

显示有统计数据的直方图，同时显示：用于选取由直方图表示的通道的控件、查看“直方图”面板中的选项、刷新直方图以显示未高速缓存的数据，以及在多图层文档中选取特定图层。

（2）紧凑视图。

显示不带控件或统计数据。该直方图代表整个图像。

（3）全部通道视图。

除了“扩展视图”的所有选项外，还显示各个通道的单个直方图。单个直方图不包括 Alpha 通道、专色通道或蒙版（如图6-1-4所示）。

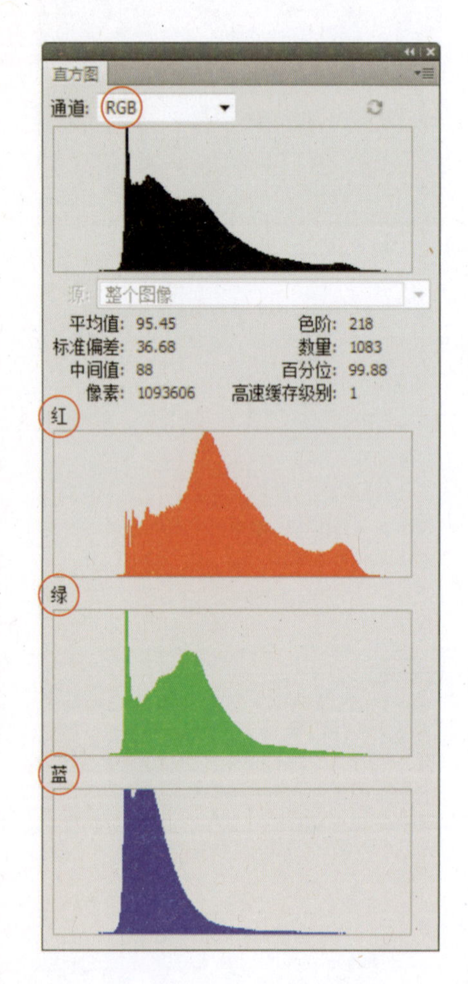

图6-1-4　直方图全部通道视图

根据以上“直方图”峰值的显示效果，可以判断出当前打开的这幅“水果.jpg”图像峰值处于中间位置，中间色调的颜色像素比较多，缺乏明暗对比。我们可以运用专门调整图像明暗的命令对其进行调整。

执行菜单栏中的“图像”>“调整”>“亮度/对比度”命令，在弹出的对话框中设置各项参数（如图6-1-5所示）。

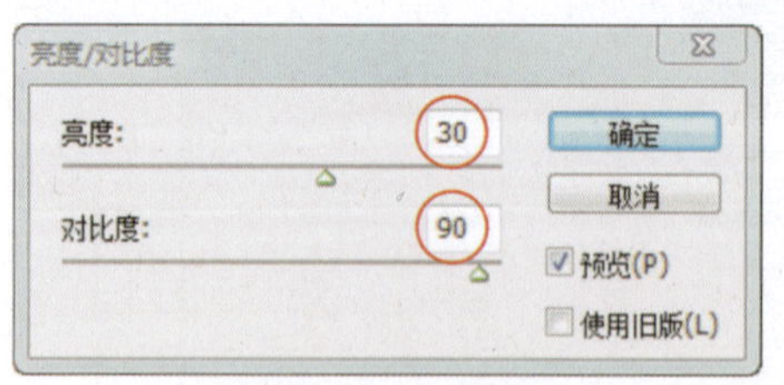

图6-1-5 亮度/对比度

调整后的图像效果有了较强烈的明暗对比关系，更好的体现了水果的色彩，效果如图6-1-6所示。

图6-1-6 调整后效果

6.2 调整图层

调整图层对于图像的色彩调整非常有帮助。在早期版本对于色彩调整只能对图像本身执行，储存后就不能恢复到以前的色彩状况。在创建的调整图层中进行各种色彩调整，效果与对图像执行色彩调整命令相同，并且在完成色彩调整后还可以随时进行修改及调整，丝毫不会破坏原来的图像。

6.2.1 创建调整图层

创建调整图层的方法有以下3种方法，以创建色阶调整图层为例进行介绍。

执行菜单栏中“图层”>“新建调整图层”>“色阶”命令，在弹出的“新建图层”对话框中单击“确定”按钮，即可创建色阶调整图层（如图6-2-1所示）。

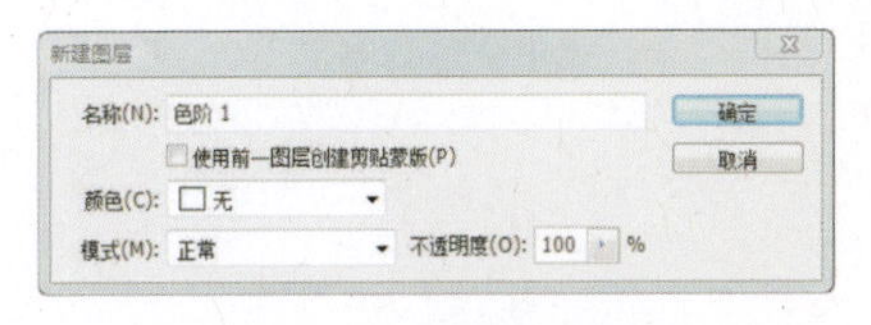

图6-2-1 新建图层对话框

单击“调整”面板中的“色阶”按钮 ，即可快速创建色阶调整图层。

单击“图层”面板下方的“创建新的填充或调整图层”按钮，在弹出菜单中选择“色阶”选项也可以创建色阶调整图层。

此时在“图层”面板中将出现色阶的调整图层，双击此图层可弹出“调整”面板以改变参数（如图6-2-2所示）。

图6-2-2 图层面板中的色阶调整图层

6.2.2“调整”面板的应用

如图6-2-3所示是“调整”面板的预置状态，6-2-4图是创建“色阶”调整图层后“调整”面板的状态。调整面板的具体使用方法如下：

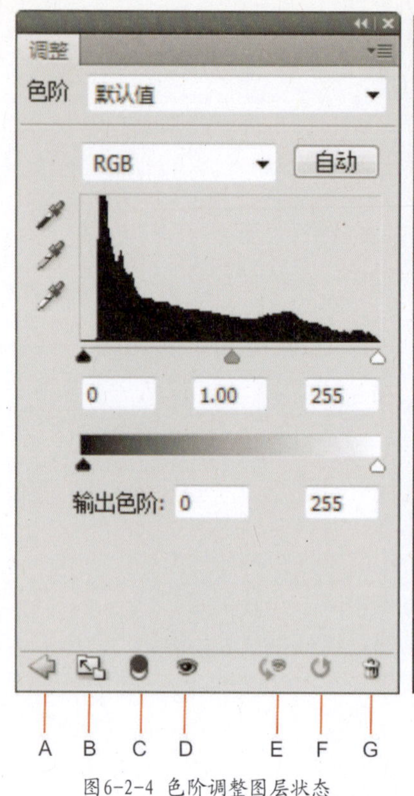

图6-2-4 色阶调整图层状态

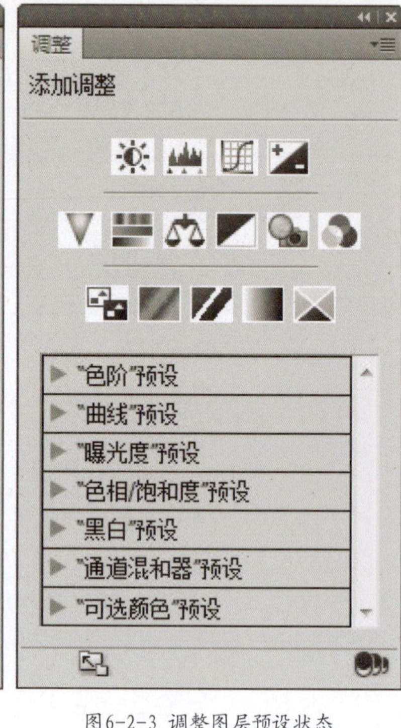

图6-2-3 调整图层预设状态

A、按钮：回到“调整”面板的预置状态。
B、按钮：在当前调整图层上添加一个调整图层。
C、按钮：将校正应用于下方的图层，这样调整图层将与处于图层面板下方的图层形成剪贴蒙版，再次单击即取消剪贴蒙版，调整将应用于所有图层。
D、按钮：切换调整的可见性。
E、按钮：比较上一次调整结果与当前调整。
F、按钮：将调整恢复到其原始设置。
G、按钮：取消调整。

6.3 色阶

“色阶”是一种非常直观的亮度调整工具，主要用于调整那些曝光不足以及层次模糊的图片。它是通过输入或输出图像的亮度值来改变图像明暗效果的，其亮度值的取值范围为0～255。

图6-3-1 原稿

打开本书配套光盘“第六章”中的“苹果.jpg”图像，如图6-11所示。根据我们前面学到的图像色彩测试方法，得知这幅图像亮度对比度不高，显得有些暗淡，下面我们运用“色阶”命令对其进行简单的调整。

执行菜单栏中的“图像”>“调整”>“色阶”命令或者按快捷键Ctrl+L，弹出“色阶”对话框并设置各项参数（如图6-3-2所示）。

通道：用来选择调整的通道，系统默认状态下显示RGB通道。

输入色阶滑块：把鼠标放置在滑块上拖曳，可以手动调整图像的输入色阶值，其中的三个滑块分别与输入色阶中的三个文本框数值相对应。其中黑色滑块▲代表黑色，也可以说是黑场；白色滑块△就是纯白；而▲灰色滑块则代表中间调。

输出色阶：用来控制图像输出时的色阶值，当黑色滑块向右移动时图像变亮，因为此时减少了黑色像素。当白色滑块向左移动时，图像就会变暗，因为此时又减少了图像中的白色像素。

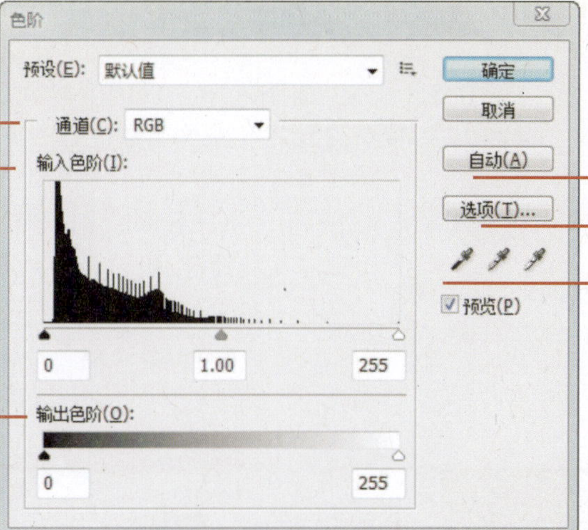

图6-3-2　色阶控制面板

单击该按钮，系统可以自动调整图像明暗对比。

可以进行更细致的设置。

颜色设置工具：以取样方式设置图像的最暗、最亮和中间值。

设置黑场吸管：在图像中单击一下，则会将图像中最暗处的色调值设置为单击处的色调值，所有比它更暗的像素都将变成黑色。

设置中间调吸管：在图像中单击，则单击处的颜色亮度将成为图像中间色调范围的平均亮度。

设置白场吸管：在图像中单击，图像中最亮处的色调值为单击处的色调值，图像中所有比它亮的像素都将成为白色。

向左拖动直方图下面的白色三角△会压缩图像的亮调区域，使图像亮调变亮；而向右拖动直方图下面的黑色三角会压缩图像的暗调区域，使图像暗调变暗。单击对话框中的按钮，经过调整后图像明显变得鲜亮起来（如图6-3-3所示）。

打开“色阶”命令的快捷键是Ctrl+L。

图6-3-3 色阶调整后效果

6.4 曲线命令/最常用到的调整工具

“曲线”命令以调节阶调曲线的方式调整图像的亮度、对比度和灰度系数，是一种较为精确的调节方式。打开本书配套光盘“第六章”中的“花.jpg”图像，如图6-4-1所示。执行菜单栏中的“图像”>“调整”>“曲线”命令或者按快捷键 Ctrl+M，弹出“曲线”对话框，对话框中的结构与参数如下（如图6-4-2所示）。

打开“曲线”命令的快捷键是Ctrl+M。

图6-4-1 原稿

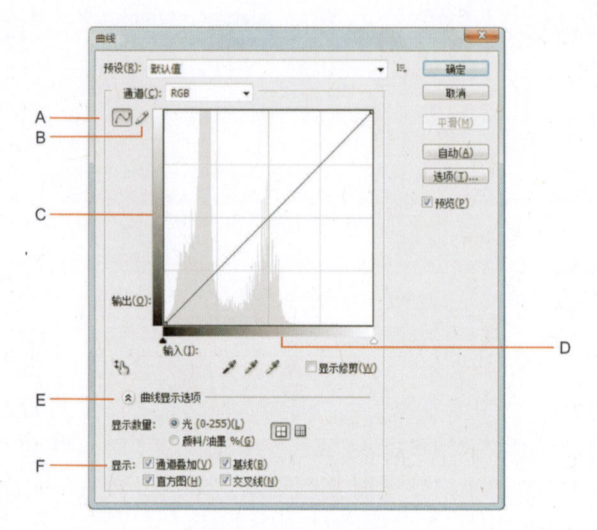

图6-4-2 曲线对话框

一般来说，对于拍摄得较灰的图像，在“曲线”对话框中常采用“S”形曲线来进行调整，这种曲线可以实现的主要功能是增加图像的对比度。

A.曲线工具 ：单击该按钮，可通过调整曲线的形状来改变图像的亮度与对比度。

B.铅笔工具 ：单击该按钮，可以在曲线位置绘制自由线条，之后单击“平滑”按钮，可以平滑绘制曲线。

C.坐标的Y轴(垂直色带)：代表调整后新的亮度值，与“输出”文本框中的数值相对应，缺省时输入与输出数值相同。

D.坐标的X轴(水平色带)：代表像素的原始亮度值(0～255)，与“输入”文本框中的数值相对应。

E.曲线显示选项：两个“田”字形小按钮用于控制曲线部分网格的数量；最下面显示处有4个复选框。为了说明它的用途，先分别对任意一张图像的R，G，B 3个分通道进行曲线调节，然后再回到RGB主通道。这个时候可以看到，R，G，B这3种颜色的曲线都会同时出现在曲线中间的显示框里，这是一种非常直观而实用的可视化功能。

F.显示“通道叠加”显示不同通道的曲线。“基线”显示对角线那条浅灰色的基准线。“直方图”在对话框中曲线的区域，同时显示出图像的直方图，拖动“输入”处的小三角，可以分别对暗部和亮部进行调整，这样与“色阶”对话框保持了一致。“交叉线”显示拖动曲线时水平和竖直方向的参考线。

图像“花.jpg”是一幅中、暗调层次丰富，亮调层次偏少的原稿。在调节这类原稿时，一般不需要将其阶调拉开，否则会损失图像的色彩层次；在做层次调节时要保证图像色彩的纯度。

打开“曲线”对话框，按图6-4-3、图6-4-4、图6-4-5、图6-4-6所示进行总通道和红、绿分通道的调节，拉伸亮部层次，压缩暗调层次，提高色彩饱和度，最后单击“确定”按钮。最后效果（如图6-4-7所示）。

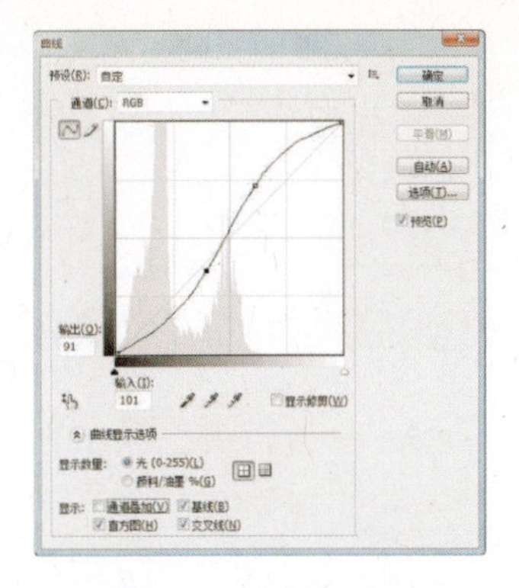

图6-4-3 曲线对话框

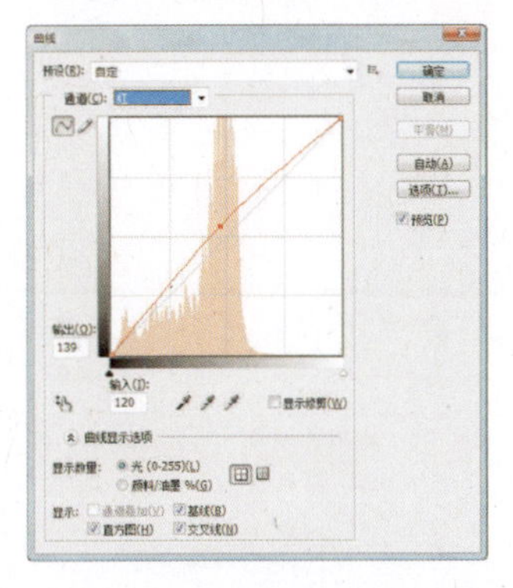

图6-4-4 曲线对话框/红色通道

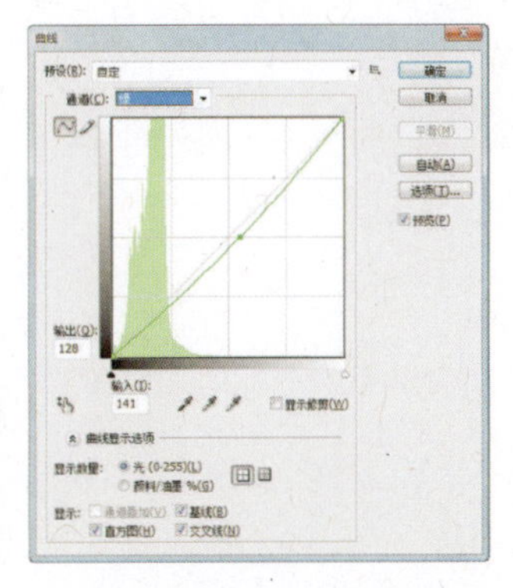

图6-4-5 曲线对话框/绿色通道

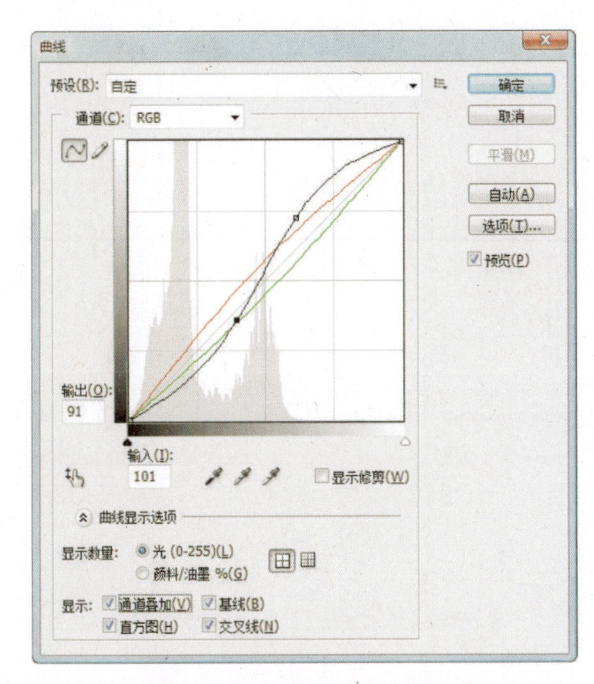

图6-4-6 曲线对话框/分通道显示

图6-4-7 曲线命令调整后效果

6.5 亮度/对比度

亮度，亦称明度，是指颜色的相对明暗程度，通常使用从0%（黑色）至100%（白色）的百分比来量度。

图6-5-1 原稿

对比度，指的是一幅图像中明暗区域最亮的白和最暗的黑之间不同亮度层级的测量。差异范围越大代表对比越大，差异范围越小代表对比越小。

打开本书配套光盘“第六章”中的“伞.jpg”图像，如图6-5-1所示。由于曝光过度，使画面丢失了许多细节。执行菜单栏中的“图像”>“调整”>“亮度/对比度”命令，打开“亮度/对比度”对话框，拖动滑块调整图像明暗度和对比度，如图6-5-2所示。在对话框的右下角有一个“使用旧版”复选框，当选定“使用旧版”时，“亮度/ 对比度”在调整亮度时只是简单地增大或减小所有像素的亮度值。由于这样会造成修剪高光或阴影区域或者使其中的图像细节丢失，因此不建议在旧版模式下对摄影图像使用亮度/对比度（但对于编辑蒙版或科学影像是很有用的）。最后调整效果如图6-5-3所示。

图6-5-3 亮度/对比度调整后效果

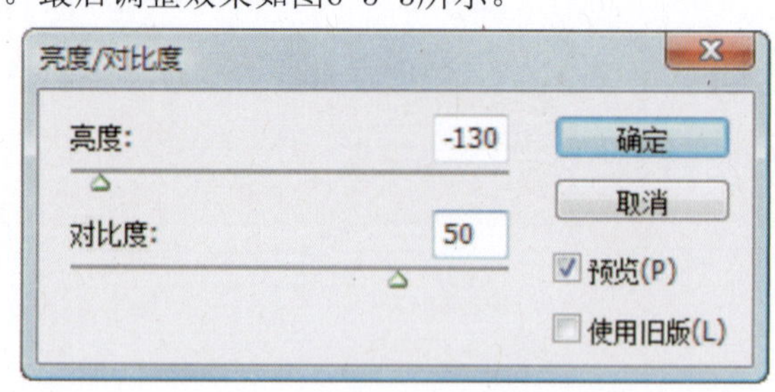

图6-5-2 亮度/对比度对话框

6.6 曝光度

曝光不足或者过曝是数码照片常见的问题。打开本书配套光盘“第六章”中的“建筑.jpg”图像，如图6-6-1所示。照片整体感觉集中在中间灰度区域，缺乏层次。这种图片可以执行菜单栏中的“图像”>“调整”>“曝光度”命令，打开“曝光度”对话框，其中主要参数如图6-6-2所示，最后调整效果如图6-6-3所示。

图6-6-1 原稿

“曝光度”：调整色调范围的高光端。

“位移”：使阴影和中间调变暗，对高光的影响很轻微。

“灰度系数校正”：使用简单的乘方函数调整图像灰度系数。

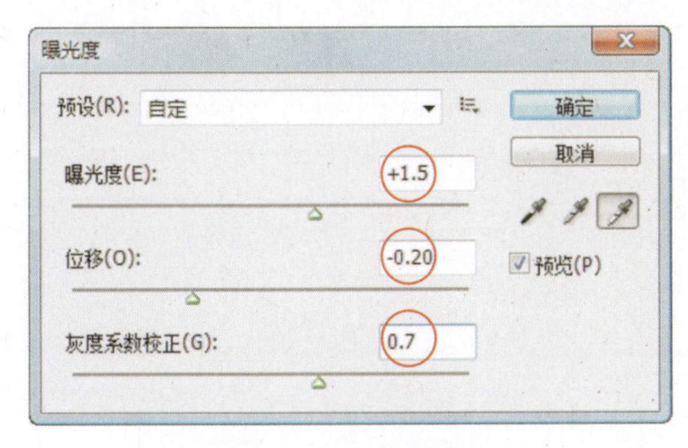

图6-6-2 曝光度对话框

图6-6-3 曝光度调整后效果

6.7 阴影和高光

同时表现高光与阴影部分的细节，是摄影实践中的难题。由于感光材料与人眼对光线的感知能力不同，当明暗反差较大时，感光材料必然要损失高光(对暗处测光时)或阴影(对明亮处测光时)部分的细节。利用“阴影/高光”命令可以快速改善图像曝光过度或曝光不足区域的对比度，同时保持整体上的色彩平衡。

打开本书配套光盘“第六章”中的“暗调过重.jpg”图像，如图6-7-1所示。这张图片是在光线较暗的环境内拍摄的，暗调部分不突出，所以需要利用“阴影/高光”命令改善阴影部分以增加细节。

图6-7-1 原稿

执行菜单栏中的“图像”>“调整”>“阴影/高光”

命令，打开图所示的“阴影/高光”对话框，在“阴影/高光”对话框中显示了“暗调”“高光”“调整”三大部分，具体参数如图6-7-2所示。

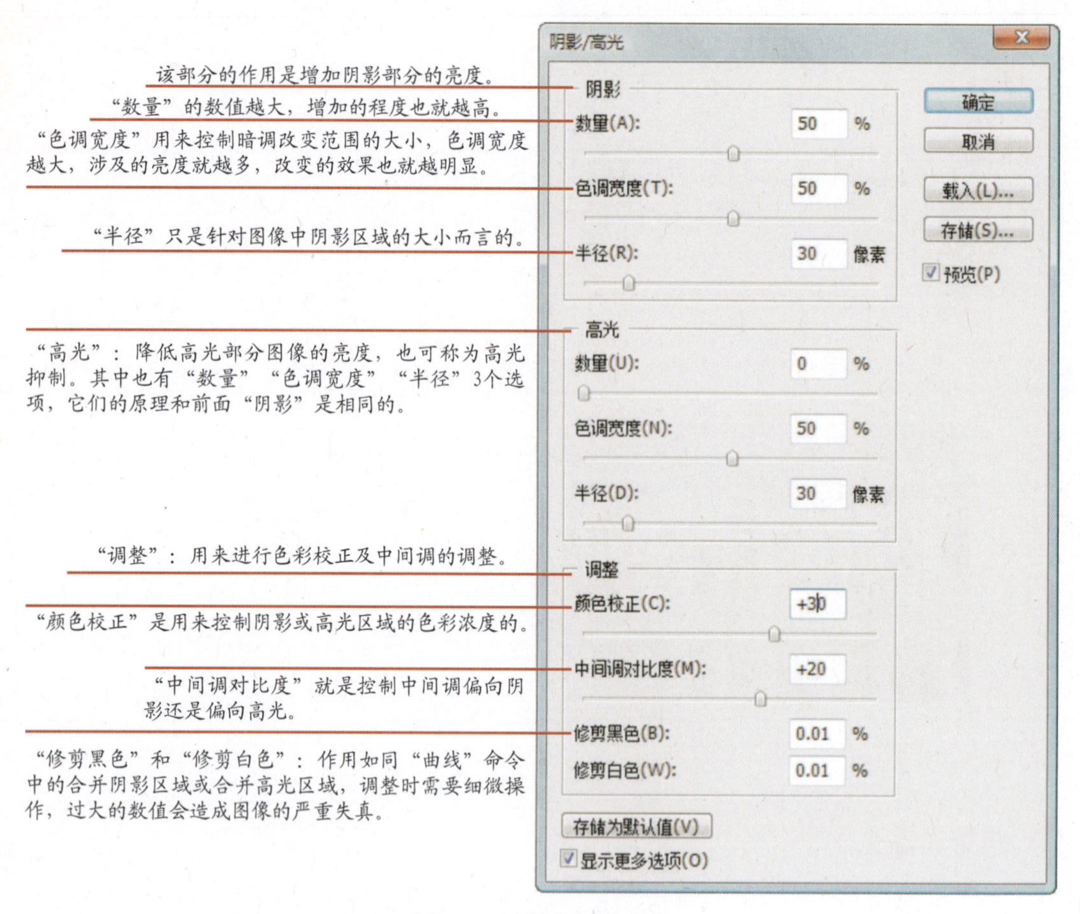

图6-7-2 阴影/高光对话框

图6-7-3 阴影/高光调整后效果

调节后阴影部分的细节得到了丰富，而原有的高光部分并未改变。由于色彩饱和度和对比度也有提高，整体效果更为悦目。调节完成的效果如图6-7-3所示。

6.8 色调均化

该命令可以重新分配图像中各像素的像素值。当执行此命令时，软件会自动寻找图像中最亮和最暗的像素值，并且平均所有的亮度值，使图像中最亮的像素代表白色，而最暗的像素代表黑色，中间各像素按灰度进行重新分配。

打开本书配套光盘“第六章”中的“城市鸟瞰.jpg”图像，如图6-8-1所示。执行菜单栏中的“图像”>“调整”>“色调均化”命令，调节后丰富了画面的细节，色彩饱和度和对比度也有提高，整体效果更加美观，调节完成的效果（如图6-8-2所示）。

该命令是一个很好的调整数码照片的工具。由于该命令以原来的像素为基准，所以无法纠正数码照片的色偏问题，只能运用有关调整图像色相和饱和度的命令来调整。

图6-8-1 原稿

图6-8-2 色调均化调整后效果

6.9 色相/饱和度

“色相/饱和度”的调节原理是根据色彩三属性——色相、饱和度和亮度来改变图像的色彩状况。

打开本书配套光盘“第六章”中的“人物.jpg”图像，如图6-9-1所示，利用“色相/饱和度”命令将图片处理成只具有一种色彩倾向的偏色(例如常用的偏黄褐色调、偏蓝绿色调等)图片。

执行菜单栏中的“图像”>“调整”>“色相/饱和度”命令，弹出图6-9-2所示的“色相/饱和度”对话框，在对话框中启用“着色”复选框，图像立刻变成一种单色调的效果。

移动“色相”“饱和度”“明度”下的滑块可以非常直观地调节图像中色彩的色相、饱和度和亮度，以达到满意的程度。单击“确定”按钮，得到单色调图像。

图6-9-1 原稿

按Ctrl+U组合键，在“色相/饱和度”对话框中的“编辑”下拉列表中选择“绿色”，其他选项设置如图6-9-2所示。通过调整得到各种变化的图像（如图6-9-3所示）。

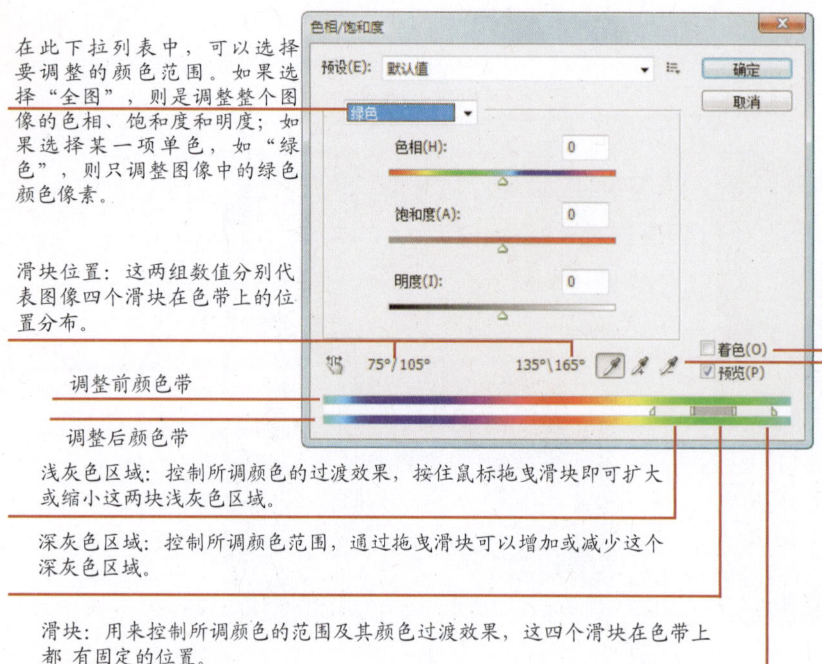

图6-9-2色相/饱和度对话框

图6-9-3 色相/饱和度调整后各种效果

6.10 自然饱和度

“自然饱和度”命令源自软件Camera Raw中的一个叫作“细节饱和度”的功能，和“色相/饱和度”命令类似，可以使图片更加鲜艳或暗淡。相对来说，“自然饱和度”命令对图片的处理效果会更加细腻一些，它会智能地处理图像中不够饱和的部分和忽略足够饱和的颜色。“自然饱和度”对话框如图6-10-1所示。

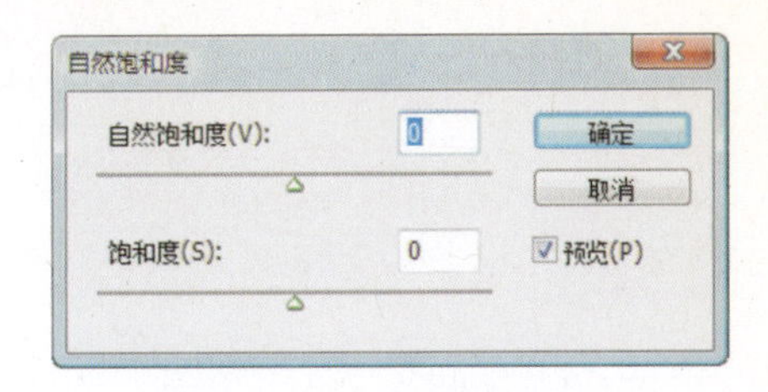

图6-10-1 自然饱和度对话框

6.11 色彩平衡

应用“色彩平衡”命令可以细微地纠正图像色偏，更改图像中所有的颜色混合，也可以制作强调某一色调的特殊效果。打开本书配套光盘“第六章”中的“圆明园.jpg”图像，如图6-11-1所示，利用“色彩平衡”命令将其中暗调改变为偏暖的棕色调。

执行菜单栏中的“图像”>“调整”>“色彩平衡”命令，弹出“色彩平衡”对话框，在“色调平衡”选项区域中将图像笼统地分为阴影、中间调和高光3个色调区域，每个色调可以进行独立的色彩调整。这里应用了(青—红，洋红—绿，蓝—黄)的补色调节原理。

首先启用“中间调”单选按钮，将“青—红”下面的滑块向“红”一侧拖动，使图像中间调部分偏红色调。然后启用“阴影”单选按钮，将“洋红—绿”下面的滑块向“绿”一侧拖动，使图像阴影部分偏绿色调，具体数值如图6-11-2所示。

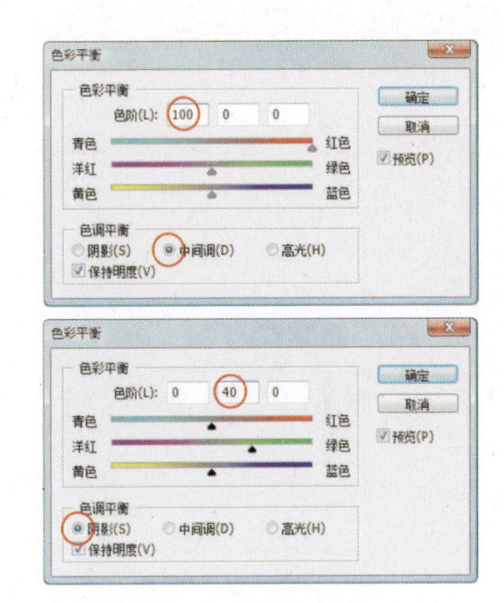

图6-11-2 色彩平衡对话框

注意要在对话框下部启用“保持亮度”复选框，这样在调整过程中，可以确保图像像素的亮度值不变。单击“确定”按钮，得到图的特殊色彩效果，图像变为一种偏棕红的暖色调，体现历史感和沧桑感（如图6-11-3所示）。

图6-11-1 原稿

图6-11-3 色彩平衡调整后效果

6.12 黑白

图6-12-1 原稿

“黑白”命令可以轻松地将彩色图像直接转换为层次丰富的黑白图像，并使用新工具调整色调值和浓淡，来达到最佳结果。

打开本书配套光盘“第六章”中的“向日葵.jpg”图像，如图6-12-1所示，这是一张典型的蓝绿色调的风景图。

执行菜单栏中的“图像”>“调整”>“黑白”命令，弹出“黑白”对话框，图像自动转换为黑白效果。可以调整红、黄、绿、青、蓝、洋红这些基本色的参数，以确定原彩色图像中哪种颜色转换为黑白后的深浅。打开“预设”下拉列表，有已预设好10种转换黑白效果，都是模拟黑白胶片摄影时添加相应滤镜的效果。如果选择“蓝色滤镜”，图像中蓝天部分就变亮了（如图6-12-2所示）。

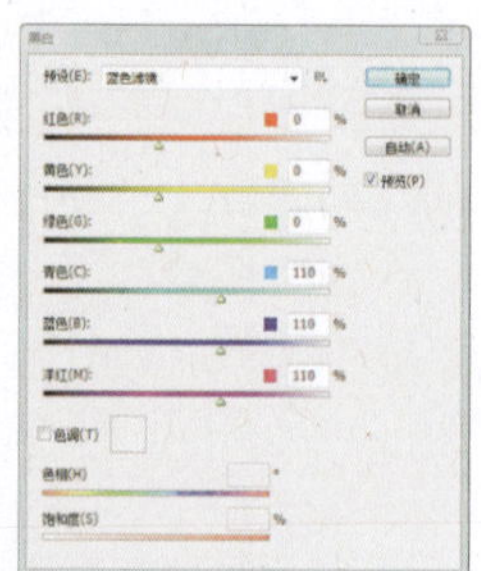

图6-12-2 在黑白对话框中选择蓝色滤镜，图片中天空部分变亮

现在选择“红色滤镜”，图像天空变暗，对比度增强。如果对过暗的天空和地面田野的影调不满意，可以进行手动调整。将鼠标放在图中天空的部分，单击鼠标左键左右或上下移动鼠标，对话框中的参数会自动发生相应的变化，可以在图像中即时地看到调节的效果，满意时松开鼠标（如图6-12-3所示）。

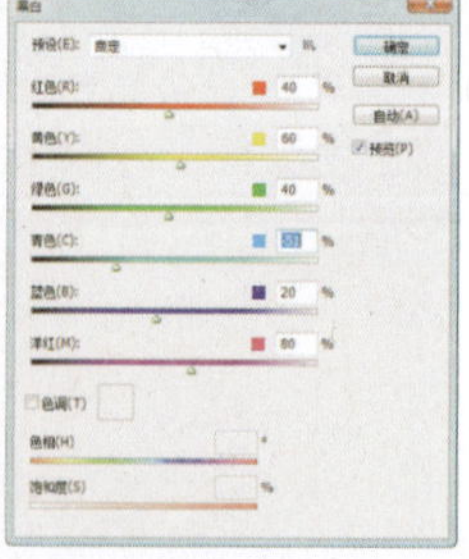

图6-12-3 在红色滤镜基础上可以进行调节画面黑白对比度

6.13 照片滤镜

“照片滤镜”命令模仿在相机镜头前面加彩色滤镜，以便调整通过镜头传输的光的色彩平衡和色温。在实际应用中，也常常应用“照片滤镜”添加相反色以纠正图片的偏色效果，从而将色偏中和。

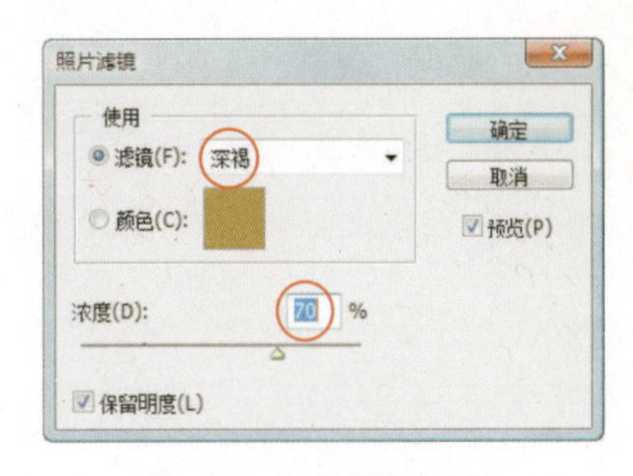

图6-13-2 照片滤镜对话框

图6-13-1是一张颜色偏蓝的原稿，执行菜单栏中的“图像”>“调整”>“照片滤镜”命令，弹出“照片滤镜”对话框，在其中单击“颜色”旁的色块，在弹出的“拾色器”对话框中选择一种深褐色，然后将“浓度”设置为70%，如图6-13-2所示。图像中添加的效果正好中和了蓝色的色偏，因此图像恢复了正常的色调，效果如图6-13-3所示。

图6-13-1 原稿

图6-13-3 照片滤镜调整后效果

图6-14-1 原稿

图6-14-3 通道混合器调整后效果

6.14 通道混合器

所谓通道混合，是指通道间各种程度上的替换，它是通过将图像的通道颜色相互替换来生成新的混合通道，以此来校正照片偏色、彩色变黑白图像等功能。

打开本书配套光盘“第六章”中的“飞机.jpg”图像，如图6-14-1所示，是一张颜色偏暖褐色的图像。执行菜单栏中的“图像”>“调整”>“通道混合器”命令，弹出对话框，具体参数如图6-14-2所示。调整后图像恢复了正常的色调，效果如图6-14-3所示。

输出通道：就是要改变的通道，在其中可以混合一个或多个现有通道。

源通道：用来指定需要合成的通道，包括红色、绿色、蓝色3个通道，可以通过拖动滑块或输入数值来控制通道颜色在输出通道中所占的百分比。

单色：将彩色图像转换成灰度图像，但这时图像还是RGB模式。

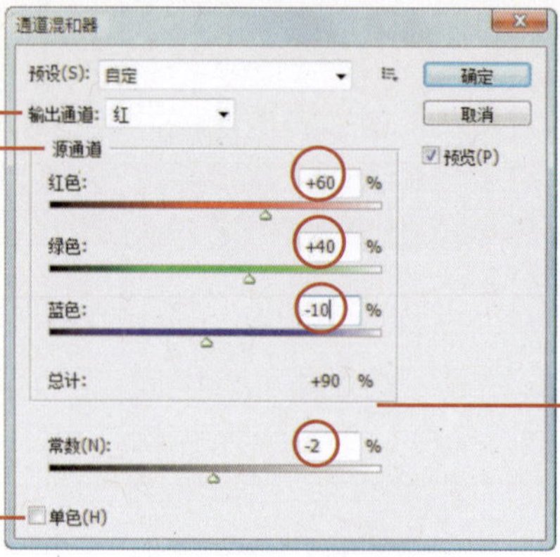

常数：用来控制“输出通道”的互补颜色成分。负值表示增加了该通道的互补色，正值表示减少了该通道的互补色。

图6-14-2 通道混合器对话框

6.15 可选颜色

“可选颜色”可以调节图像中某种颜色中的油墨百分比，是一种很常用的校色方式。打开本书配套光盘“第六章”中的“曝光过度的原稿.jpg”图像，如图6-15-1所示，这是一张拍摄曝光过度的照片。图像太亮造成层次主要集中于中间调及亮调区域，树叶层次单薄，色彩饱和度不够。下面针对这些问题进行调整。

图6-15-1 原稿

先通过“曲线”功能来进行调节。执行菜单栏中的“图像”>“调整”>“曲线”命令，打开对话框，“通道”处选择RGB总通道，然后在曲线上设置一个控制点，加大中间调与暗调的密度，使原先的中调层次往中暗调处转移，增大图像反差。单击“确定”按钮，图片的层次与色彩饱和度都得到了一定改善。

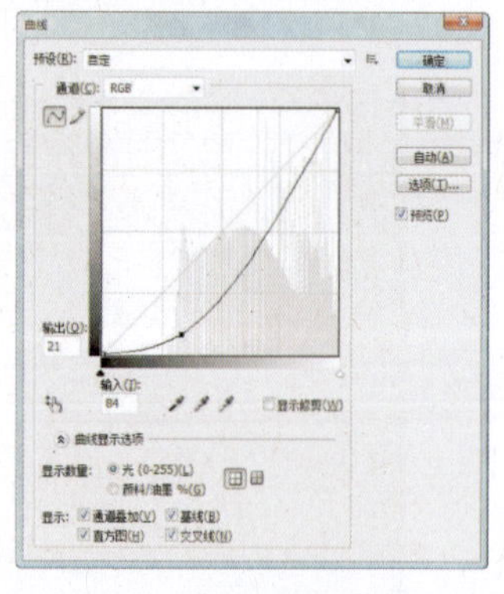

图6-15-2 加大中间调与暗调的密度

图片主要是以绿色调为主，图中树叶的绿色鲜艳度不够，需要进行颜色的修正。执行菜单栏中的“图像”>“调整”>“可选颜色”命令，打开可选颜色对话框，在“颜色”下拉列表中选择“绿色”，然后将绿专色中的相反色“洋红”稍微降低一些，如图所示；接着再选择“青色”，将青专色中的“青色”和“洋红”数值都稍微加大一些，如图6-15-2所示。单击“确定”按钮，效果如图6-15-3所示。

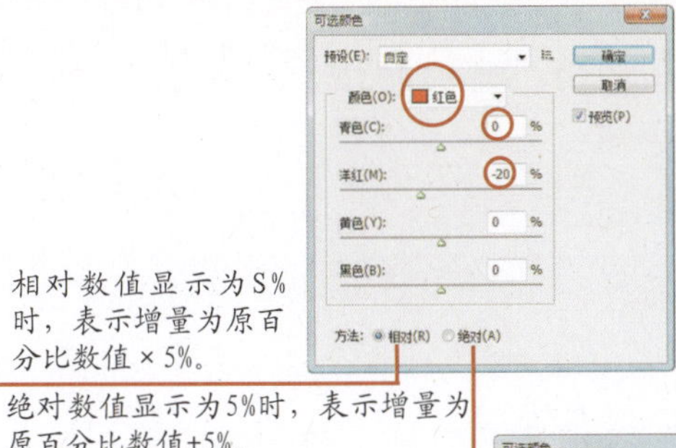

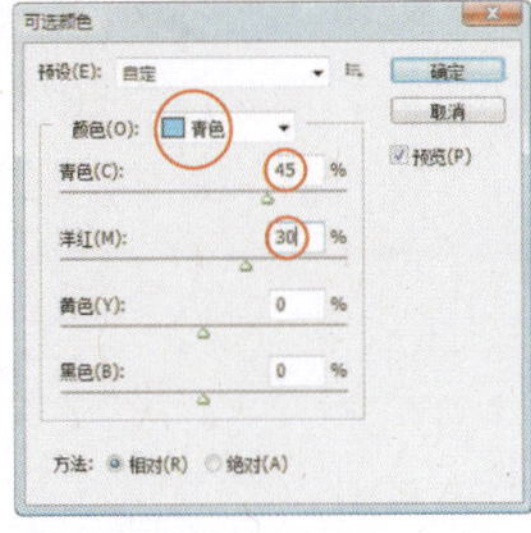

图6-15-3 可选颜色对话框中调节红专色和青专色

6.16 匹配颜色

“匹配颜色”命令可以参照另一幅图像的色调来调整当前图像，从而改变图像色相及饱和度。下面应用“匹配颜色”原理将一张白天拍摄的风景图片转变为黄昏色调。

图6-16-1 原稿

打开本书配套光盘“第六章”中的“风景.jpg”图像和“火焰.jpg”图像，如图6-16-1、图6-16-2所示，两张图片色相反差极大。

图6-16-2 原稿

先单击“风景.jpg”执行菜单栏中的“图像”>“调整”>“匹配颜色”命令，打开“匹配颜色”对话框，先在“源”下拉列表中选择图像“火焰.jpg”设置“亮度”“颜色强度”“渐隐”等参数，如图6-16-3，这些参数都是控制两张图像的色彩如何进行匹配与融合。

最后，单击“确定”按钮，得到类似于黄昏的效果，效果如图6-16-4所示。

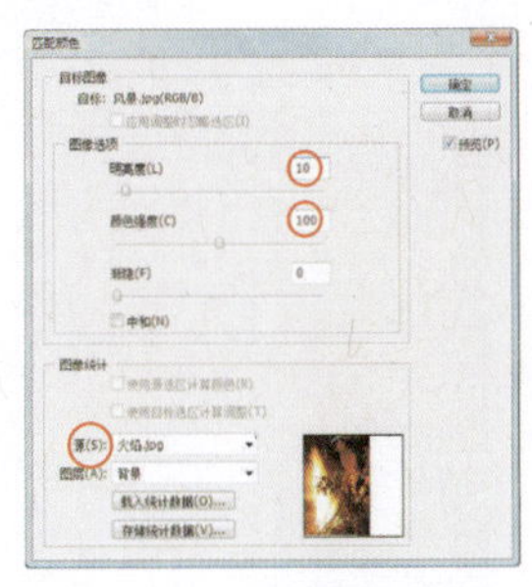

图6-16-3 匹配颜色对话框

图6-16-4 匹配颜色调整后效果

图6-17-1 原稿

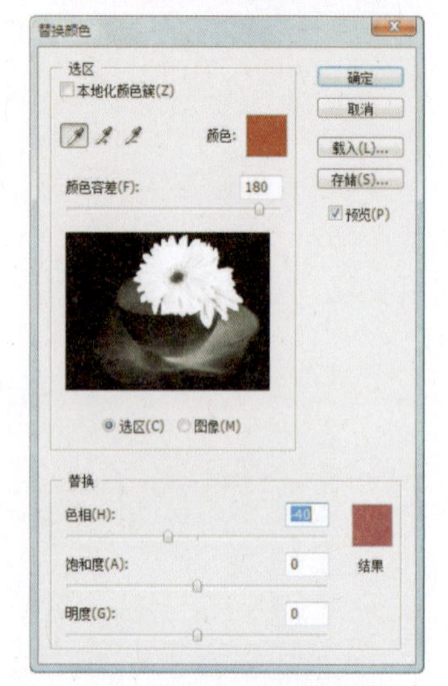

图6-17-2 替换颜色对话框

图6-17-3 替换颜色调整后效果

6.17 替换颜色

“替换颜色”命令可以先选定图像中某一种或几种颜色，定义一定的范围，然后利用色彩三属性进行修改，直接替换图像中相应的颜色区域。

打开本书配套光盘“第六章”中的“花朵.jpg”图像，如图6-17-1所示，将图片中红色的花替换为紫色。

执行菜单栏中的“图像”>“调整”>“替换颜色”命令，打开“替换颜色”对话框，如图6-17-2所示。先用吸管工具在图像中选择要替换的某一种颜色(花朵的红色)上单击，然后调节“颜色容差”滑块，移动滑块可以扩大或缩小选区范围，数值越大，则替换的颜色范围也越大。

接下来，在对话框中对颜色的色相、饱和度和明度进行调整，使选择的洋红色被调整为紫色。最后单击“确定”按钮，得到图6-17-3所示的效果。

6.18 变化

“变化”命令是一种直观但不精确的调节图像层次与色彩的方式。执行菜单栏中的“窗口”>“调整”>“变化”命令，打开“变化”对话框（如图6-18-1所示）。

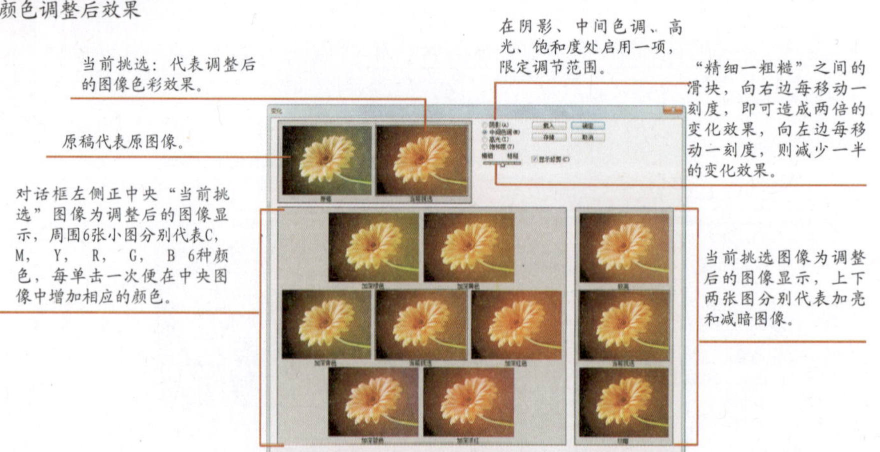

图6-18-1 变化对话框

6.19 去色

执行“窗口”>“调整”>“去色”命令与“图像”>“模式”>“灰度”命令都可以使图像呈灰色显示，主要区别是运用“去色”命令处理的图像不会改变图像颜色模式，而“灰度”命令则使图像的颜色模式转变为灰度。“去色”命令可作用于当前选区内的局部图像，而“灰度”命令只能作用于全图。去色前后效果分别如图6-19-1，图6-19-2所示。

图6-19-1 原稿

图6-19-2 去色调整后效果

6.20 反相

执行“窗口”>“调整”>“反相”命令可以将图像变成如同普通彩色胶卷冲印后的底片效果。反相前后效果对比如图6-20-1及图6-20-2所示。

图6-20-1 原稿

图6-20-2 反相调整后效果

6.21 阈值

“阈值”命令可以将灰度或彩色图像转变为高对比度的黑白图像。例如，图6-21-1所示是一张正常阶调与色彩的普通原稿，通过“阈值”命令并设置不同的数值，可使其快速转为不同的黑白效果，如图6-21-2、6-21-3所示。

图6-21-1 原稿

用来控制图像明暗色阶，可以直接在文本框中输入数值，也可以移动下方的滑块来调节。

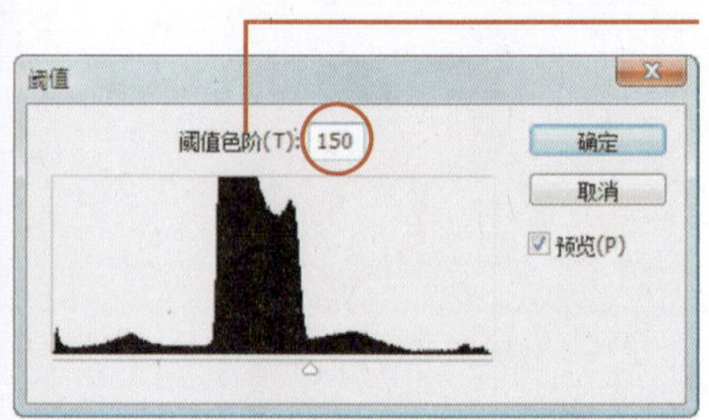

图6-21-2 阈值色阶为150时画面效果

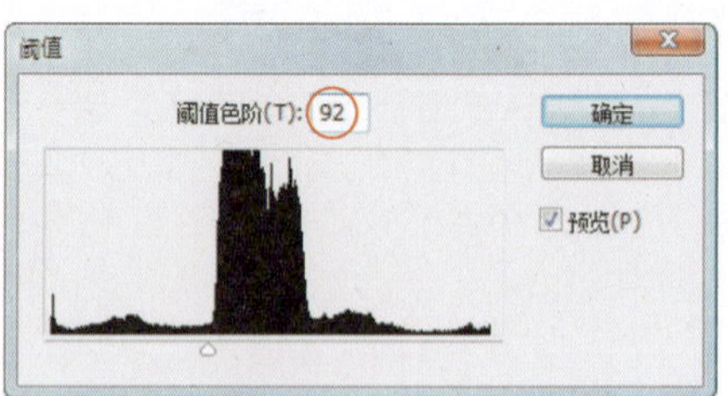

图6-21-3 阈值色阶为92时画面效果

6.22 色调分离

“色调分离”命令可以将图像的色阶范围大幅度缩小，得到颜色数目可控制的结果。图6-22-1所示的原稿是包含上百万种颜色的彩色图像，执行菜单栏中的“窗口”>“调整”>“色调分离”命令，打开“色调分离”对话框，如图6-22-2所示，在该对话框中可以改变色阶的数目。这里将色阶数设为最小值2，代表将图像转换为8色影像，上百万种颜色像素点的幅度被大面积压缩而变成了一种版画式的图样，上百万种颜色像素点被转为有限的概括的大面积色块（如图6-22-3所示）。

图6-22-1 原稿

图6-22-2 色调分离对话框

图6-22-3 色调分离调整后效果

6.23 渐变映射

“渐变映射”功能将相等的图像灰度范围映射到指定的渐变填充颜色上。例如，打开本书配套光盘“第六章”中的“白色建筑.jpg”图像，如图6-23-1所示。执行菜单栏中的“窗口”>“调整”>“渐变映射”命令，打开图6-23-2所示的“渐变映射”对话框，单击对话框中的渐变颜色按钮，会接着弹出图6-23-3所示的“渐变编辑器”对话框；在其中选中或调配一种渐变颜色，图像中的暗调部分映射到渐变填充的一个端点颜色，高光映射到另一个端点颜色，而中间调映射到两个端点的层次。最后效果如图6-23-4所示。

图6-23-1 原稿

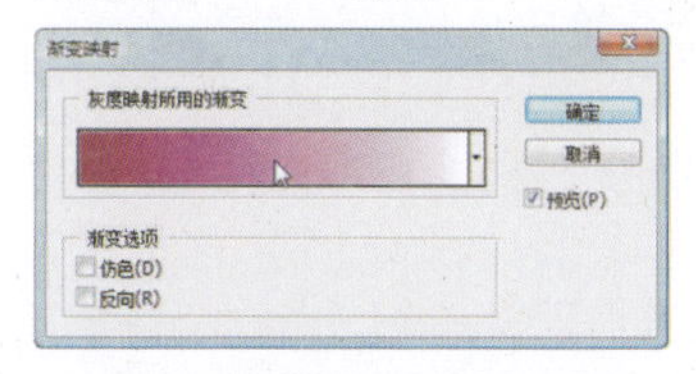

图6-23-2 渐变映射对话框

图6-23-4 渐变编辑器调整后效果

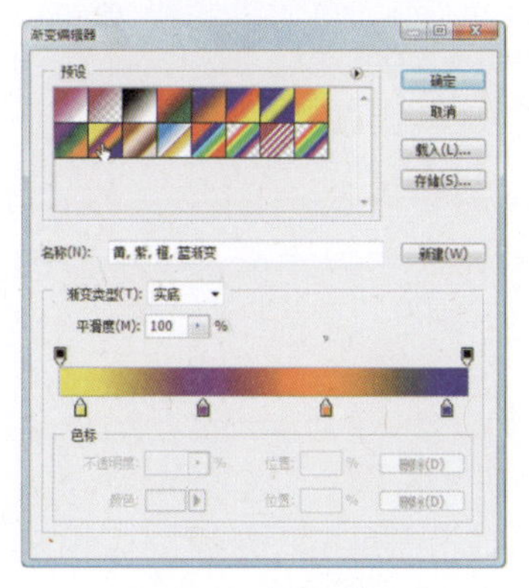

图6-23-3 渐变编辑器

【课题训练】

6.24 金钥匙绘制

6.24.1 课题说明

本课题将运用有关调整图像色彩明暗的命令，并结合我们前面学过的通道知识制作一个具有金属质感的钥匙，如图6-24-1所示。

图6-24-1 金钥匙最后效果

6.24.2 课题引导

在本案例中主要分为以下几个步骤操作：打开素材文件并创建文件选区，新建通道并填充白色，运用图像命令编辑图像的灰色显示效果，运用色彩调整命令调整其金属质感，添加投影和背景渐变效果，完成最终效果。

以下分步骤讲解：

step 1 打开素材文件。打开本书配套光盘“第六章”中“金钥匙-k.psd”图像，如图6-24-2所示。包含“背景”层和“图层1”两个图层。

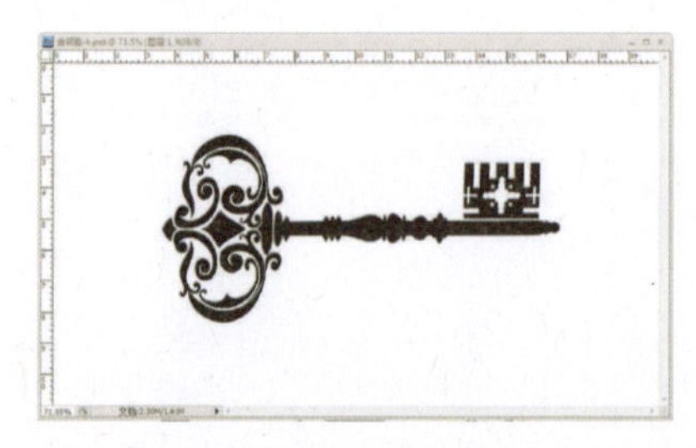

图6-24-2 打开素材文件

step 2 创建图像选区。在“图层”面板中，按Ctrl键的同时，单击“图层1”图像的缩略图，创建该层图像选区（如图6-24-3所示）。

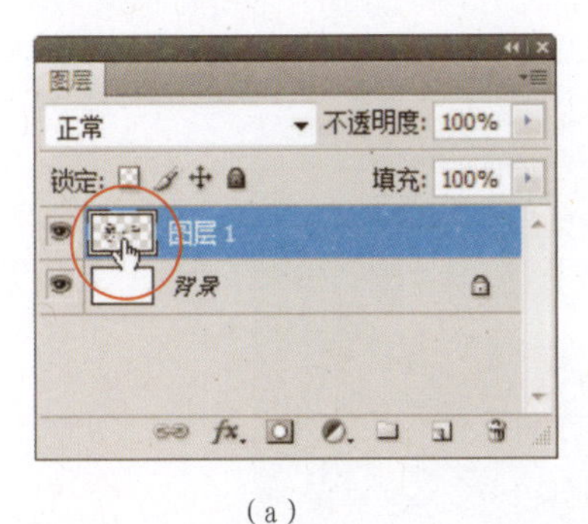

（a）

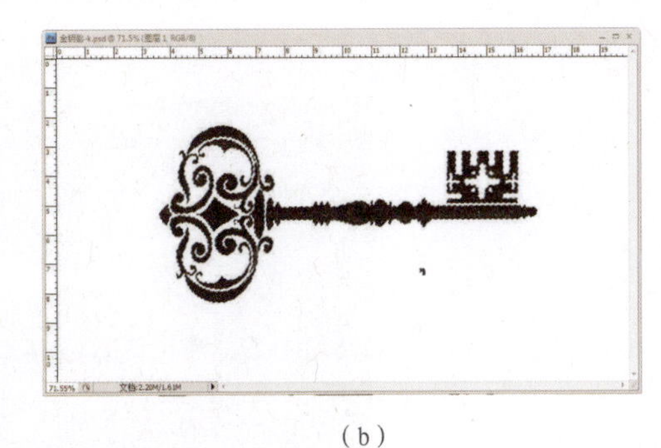

（b）

图6-24-3 创建图像选区

step 3 新建通道并填充白色。显示“通道”面板并新建一个通道Alpha1，此时通道中会显示刚才创建的图像选区，效果如图6-24-4所示。

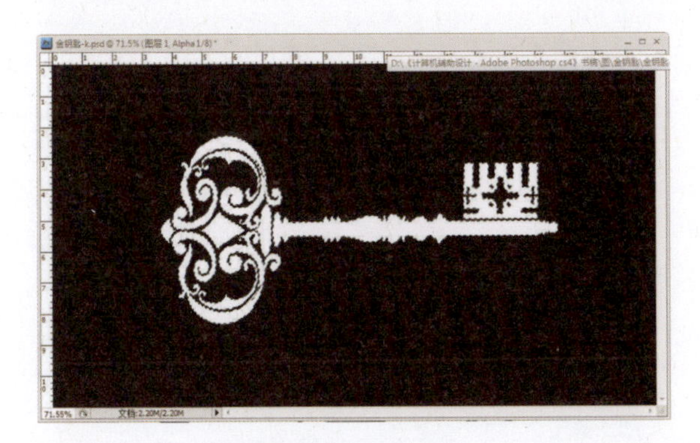

图6-24-4 填充白色

step 4 保存选区于通道中。单击“通道”面板下方的按钮，选区会自动保存在Alpha2通道中，如图6-24-5所示。

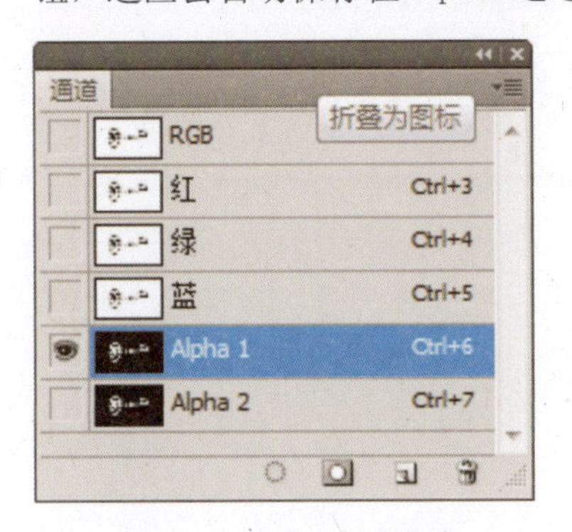

图6-24-5 生成Alpha2通道

step 5 制作图像模糊效果。取消选区，执行菜单中的“滤镜”>“模糊”>“高斯模糊”命令，在弹出的对话框中设置“半径”为4个像素，模糊后的图像效果如图6-24-6所示。

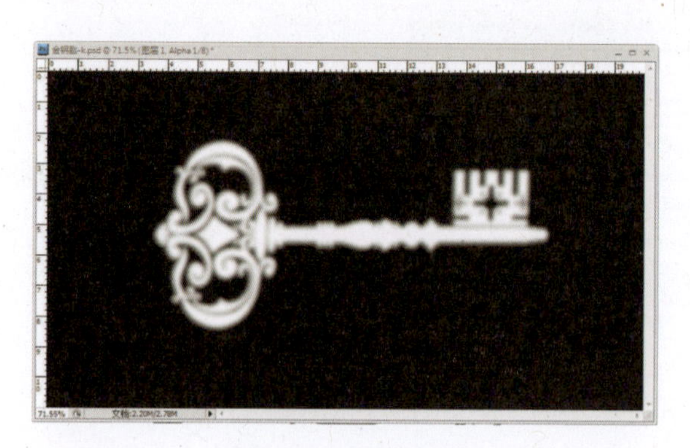

图6-24-6 模糊后效果

step 6 设置浮雕选项。执行菜单中的“滤镜”>“风格化”>“浮雕”命令，在对话框中设置各项参数（如图6-24-7所示）。

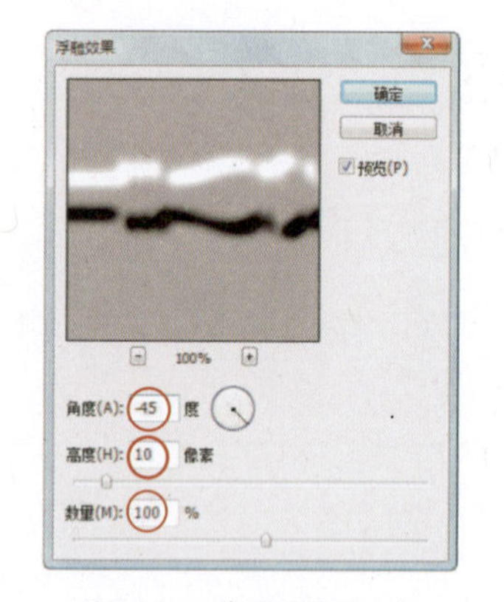

图6-24-7 浮雕效果对话框

step 7 确认浮雕操作。单击对话框中的 确定 按钮，图像出现立体浮雕效果（如图6-24-8所示）。

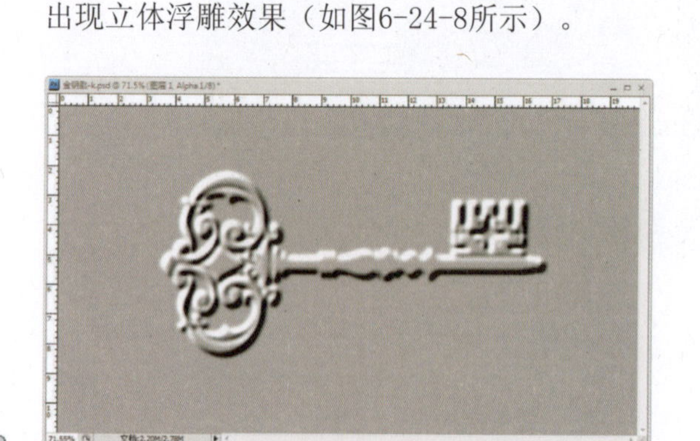

图6-24-8 添加浮雕效果后图像效果

step 8 返回“图层”面板。单击“通道”面板中的RGB通道，结束在通道中的操作，回到“图层”面板中。

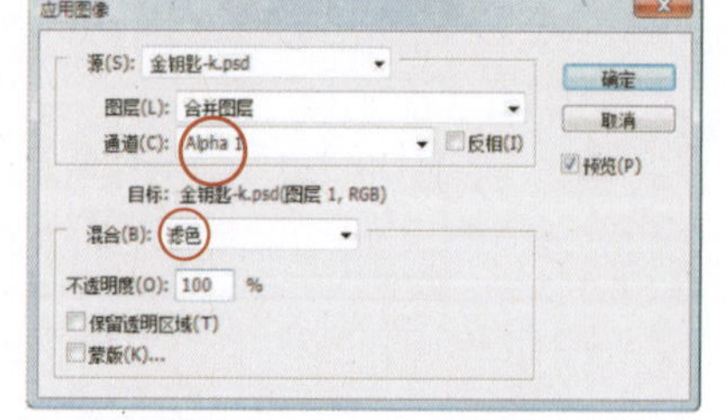

图6-24-9 应用图像对话框

step 9 设置应用图像选项。执行菜单中的“图像”>“应用图像”命令，在对话框中设置各项参数（如图6-24-9所示）。

step10　执行“应用图像”操作。单击对话框中的确定按钮，混合后的图像效果如同在通道中编辑的效果（如图6-24-10所示）

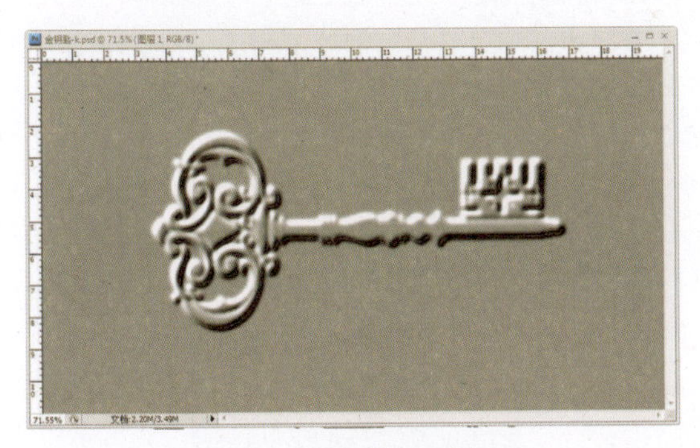

图6-24-10 应用图像后图像效果

step11　载入选区。按画键的同时单击“通道”面板中的“Alpha 2”通道，将保存在其中的选区载入到原图像中。

step12　扩展选区。执行菜单栏中的“选择”>“修改”>“扩展”命令，将选区向外扩展8个像素(如图6-24-11所示)，为下一步的调色做准备。扩展后的选区显示如图6-24-12所示。

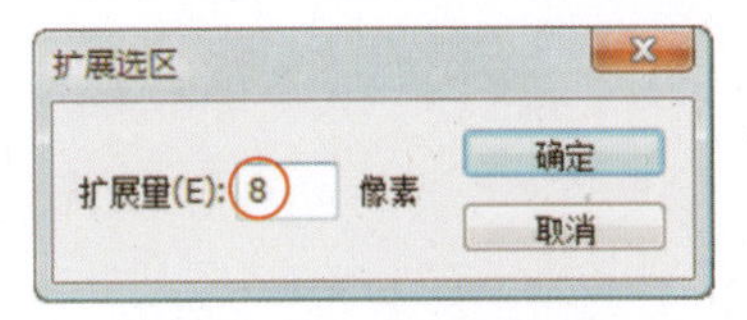

图6-24-11 扩展选区对话框

图6-24-12 生成选区后效果

step13　设置色阶参数。按Ctrl+L组合键，运用“色阶”命令调整图像明暗，参数设置如图6-24-13所示。

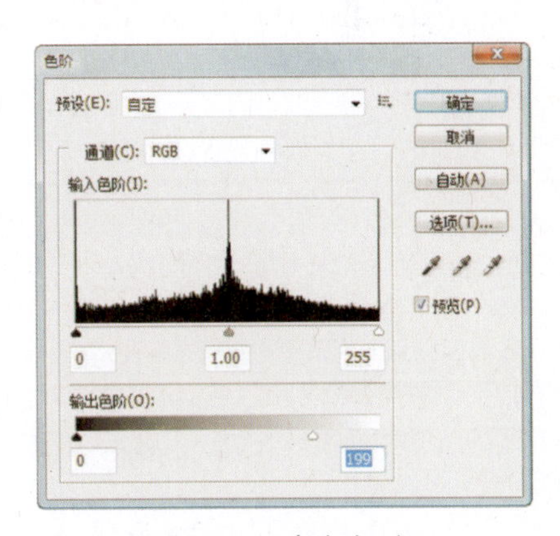

图6-24-13 色阶对话框

step14　确认色阶调整。单击对话框中的确定按钮，选区内的图像颜色比选区外的暗了许多。参数设置如图6-24-14所示。

图6-24-14 色阶调整后效果

step15 设置曲线参数。按Ctrl+M组合键，运用“曲线”命令调整图像的金属反光效果，在“曲线”对话框中设置各项参数（如图6-24-15所示）。

step16 确认曲线调整。单击对话框中的 确定 按钮，调整后图像出现金属反光效果，如图6-24-16所示。

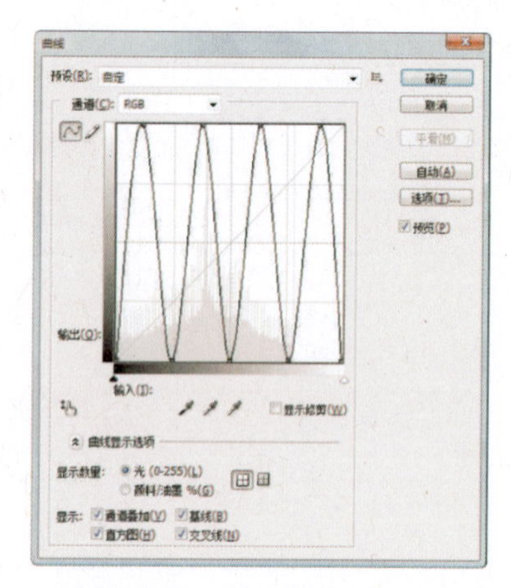

图6-24-15 曲线对话框

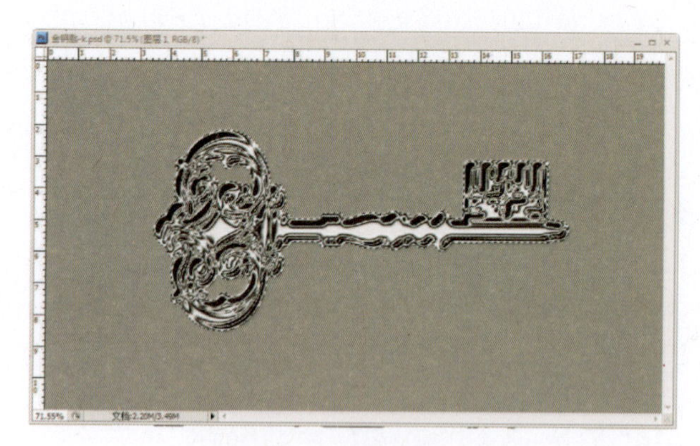

图6-24-16 曲线调整后效果

step17 调整图像亮度、对比度效果。执行“窗口”>“调整”>“亮度/对比度”命令，在弹出的对话框中设置各项参数，如图6-24-17所示，确认后图像的明暗对比变得相对缓和一些。

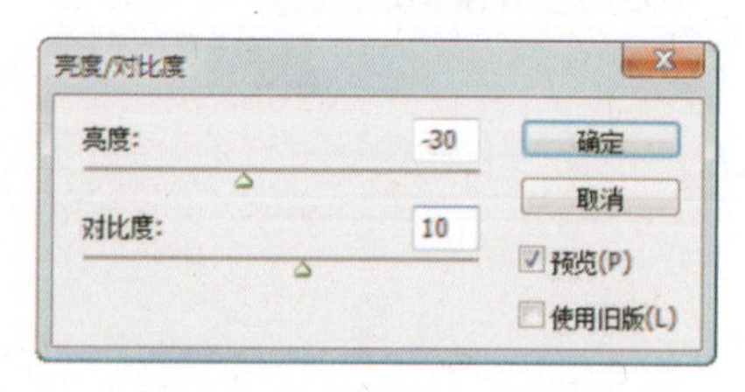

图6-24-17 亮度/对比度对话框

step18 设置色彩平衡选项。按Ctrl+B组合键，运用“色彩平衡”命令把选区内的图像调整为金黄色。分别单击“色彩平衡”对话框中“阴影”“中间调”和“高光”选项，其中的参数设置如图6-24-18所示。

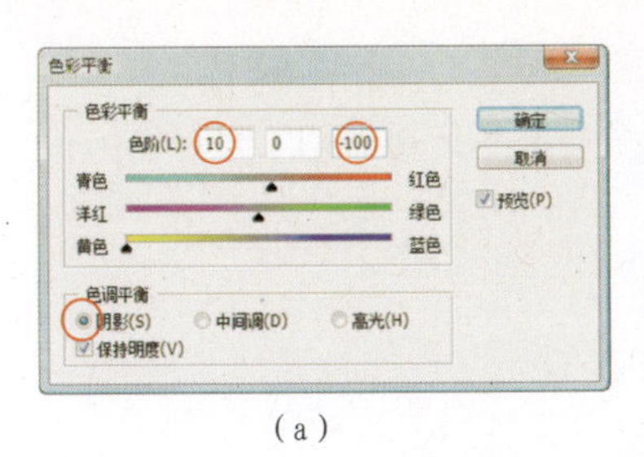

(a)

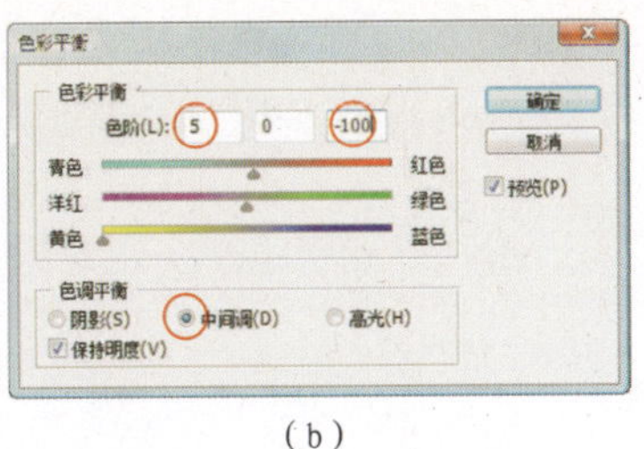

(b)

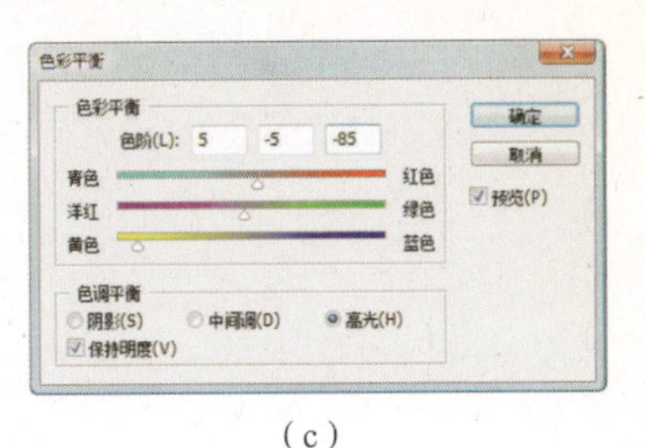

(c)

图6-24-18 色彩平衡对话框阴影、中间调、高光设置

step19 确认色彩平衡的调整。单击对话框中的 确定 按钮，选区内的图像被调整为金黄色，效果如图6-24-19所示。

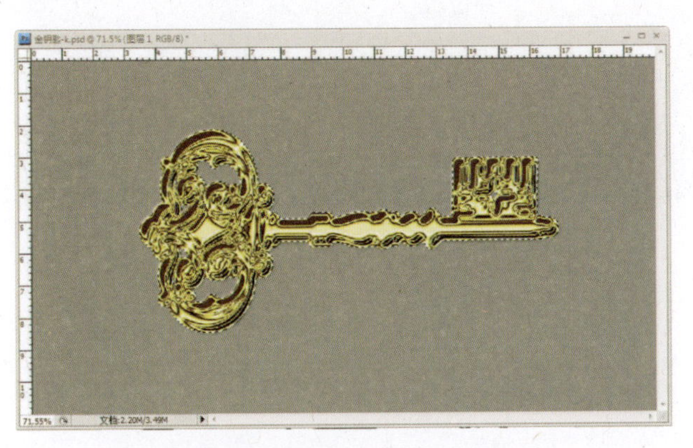

图6-24-19 色彩平衡调整后效果

step20 添加投影效果。执行“选择”>“反向”命令，按Delete键删除“图层1”灰色区域，去掉选区，并为该层添加“投影”样式，其中的参数设置如图6-24-20所示。

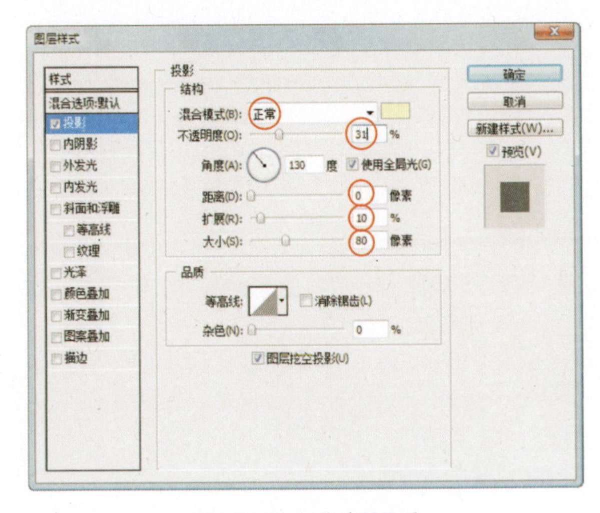

图6-24-20 投影选项设置

step21 填充渐变背景。选择“背景”层，选中工具箱中的 “渐变工具”，单击其属性栏中的 图标，在弹出的对话框中选择“黑—白”渐变，在画面中由下而上拖拽鼠标生成渐变效果（如图6-24-21所示）。

图6-24-21 最终完成效果

【归纳总结】

在图像效果调整菜单中，有许多命令可以直接应用于图像，但要根据图像的实际需要，选择最优的命令，设置相应的参数。希望大家通过本节的学习能够熟练掌握这些命令，并灵活地运用到实际设计中。

第7章 滤镜

——变化万千的酷炫技巧

复杂多变的神奇滤镜命令，绝对会让你的作品呈现出意想不到的视觉效果。初学者容易流于技巧的炫耀，高级者则会将滤镜命令贯通运用。

【知识阐述】

7.1 滤镜功能的使用常识

滤镜是Photoshop的特色工具之一。滤镜来源于摄影中的滤光镜，可以改进图像并产生特殊效果，例如清除和修饰照片，Photoshop中的滤镜功能都位于“滤镜”菜单中，第三方开发商提供的某些滤镜可以作为增效工具使用。在安装后，这些增效工具滤镜出现在软件“滤镜”菜单的底部，如图7-1-1所示。

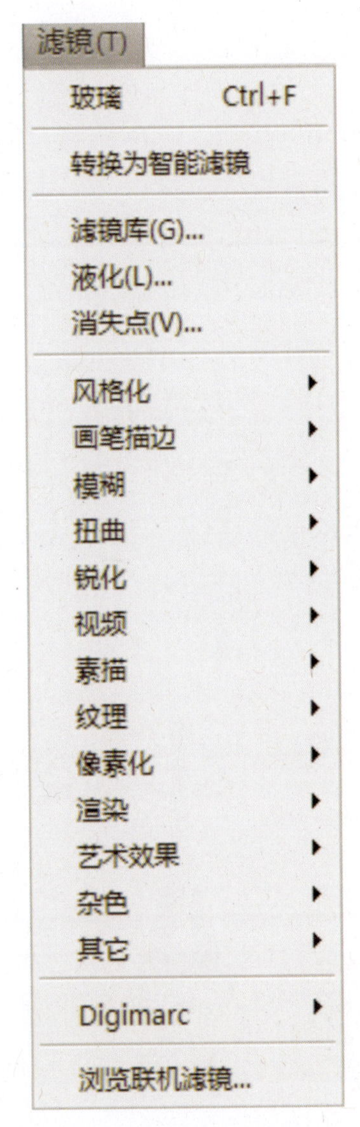

图7-1-1 Photoshop中的滤镜菜单

在具体学习滤镜功能之前，我们先来了解使用滤镜时的注意事项和最基本的使用技巧。

要将滤镜应用于整个图层，请确保该图层是当前图层。

要将滤镜应用于图层中的一个区域，请选择该区域。

要在应用滤镜时不造成图像破坏，以便于以后能够再次更改滤镜设置，请选择包含要应用滤镜的图像内容的智能对象。

从“滤镜”菜单中选取一个滤镜，如果不出现任何对话框，则说明已应用该滤镜效果；如果出现对话框或滤镜库，请输入数值或选择相应的选项来应用滤镜效果。

将滤镜应用于较大图可能要花费很长的时间，但是可以在滤镜对话框中预览效果，在预览窗口中拖动以使图像的一个特定区域居中显示。另外，也可以先选取图像局部应用滤镜效果，满意之后再对整个图像进行全面处理。

滤镜只能应用于当前可见图层或选区，可以反复使用，但一次只能应用在一个图层上。

滤镜不能应用于位图模式、索引颜色模式和48位的RGB的图像，而有些滤镜对RGB图像起作用。

如果在滤镜对话框中对自己调节的效果不满意，可以按住Alt健，这时“取消”按钮就会变为“复位”按钮，单击此按钮就可以将参数重置到调节前状态。

最后一次使用的滤镜会出现在“滤镜”菜单的顶部，因此要重复使用上一次用过的滤镜效果，可直接单击“滤镜”菜单最上部出现的命令，或按Ctrl+F快捷健。

滤镜的处理效果是以像素为单位的，因此滤镜的处理效果与图像的分辨率有关，用同样的参数处理不同分辨率的图像，效果是不相同的。

7.2 变形性滤镜

7.2.1 “液化”滤镜

使用“液化”命令可以对图像的任何区域进行类似液化效果的变形，如旋转扭曲、收缩、膨胀以及映射等，变形的程度可以随意控制。

“液化”命令只对RGB，CMYK，Lab颜色模式和灰度模式中的8位像素有效。

打开本书配套光盘“第七章”中的“埃菲尔铁塔.jpg”图像，如图7-2-1所示。执行菜单栏中的“滤镜”>“液化”命令，弹出“液化”对话框(图7-2-2)，对话框的左侧的工具箱提供了多种变形工具，可以在对话框的右侧设置不同的画笔参数，然后应用变形工具在中间预览区域内绘制；如果一直按住鼠标或在一个区域多次绘制，可强化变形效果。图7-2-1为原图，图7-2-3为液化后效果。

图7-2-1 埃菲尔铁塔.jpg

对话框窗口左侧变形工具分为以下几种。

A、向前变形工具：当拖曳鼠标时，此工具向前推动像素。

B、重建工具：对变形的图像进行完全或部分的恢复。

C、顺时针旋转扭曲工具：用于顺时针旋转像素。

D、褶皱工具：将像素向画笔区域的中心移动。

E、膨胀工具：将像素向远离画笔区域中心的方向移动。

F、左推工具：将像素垂直移向绘制方向。拖拽鼠标将像素移向右侧，按住Alt拖曳鼠标可将像素移向左侧。

G、镜像工具：将范围内的像素进行对称复制。

H、湍流工具：用于平滑地涂抹象素，对于创建火苗、云彩和波纹等类似的效果非常有帮助。

I、冻结蒙版工具：可以使用此工具绘制不会被扭曲的区域。

L、解冻蒙版工具：可以使用此工具使冰冻的区域解冻。

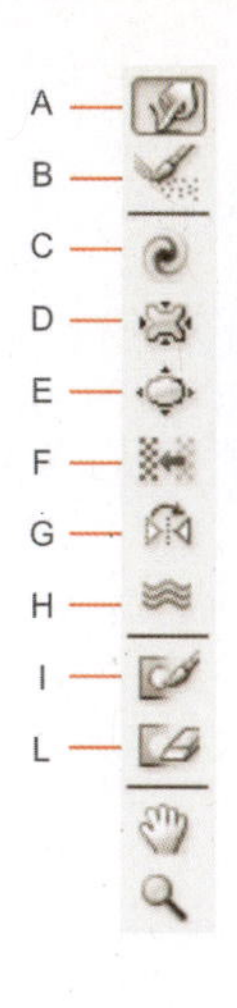

图7-2-2 液化对话框

对话框窗口右侧的工具选项栏中设定以下各项。

M.画笔大小：用来控制变形工具的影响范围。

N.画笔压力：使用较小的画笔压力，可使变形的过程慢一些，有利于在达到希望的变形程度时及时停止。

O.画笔密度：用来控制变形工具的影响密度。

P.画笔速率：用来控制变形旋转的速度。

Q.重建模式：用来设置重建时的样式。

I.光笔压力：如果正在使用数字化压感板，那么就可以启用“光笔压力”复选框。

S.蒙版选项：用来设置蒙版的各种选项。

T.显示图像：启用此复选框，在预览区域中将显示要变形的图像。

U.显示网格：启用此复选框，可以使用变形网格帮助观看变形的模式，当启用“显示网格”复选框时，可以禁用“显示图像”复选框，只在网格状态下进行变形编辑。

V.显示蒙版：启用此复选框，在预览区域将显示蒙版，还可以设置蒙版的颜色。

W.显示背景：启用此复选框，可在后面下拉列表中选择要显示的其他图层(或所有图层都显示)，还可以设置“模式”和“不透明度”。

图7-2-3 液化滤镜应用后效果

7.2.2 “扭曲”滤镜

“扭曲”滤镜用于将图像进行几何变形、创建3D或其他夸张的效果，但这些滤镜效果可能占用大量内存。

扭曲前的原图如图7-2-4所示。

图7-2-4 Bottles.tif

(1) “波浪”滤镜

“波浪”滤镜用来产生一种波纹传递的效果，其可控制参数包括波浪“生成器数”“波长”(从一个波峰到下一个波峰的距离)“波幅”和“类型”(正弦、三角形或方形)。可自由调整其参数来达到自己满意的效果。单击对话框中的“随机化”按钮可使波浪纹路随机分布。

(2) “波纹”与“海洋波纹”命令

“波纹”命令在选区上创建波状起伏的图案，类似于水池表面的波纹。而“海洋波纹”命令则将随机分隔的波纹添加到图像表面，使图像看上去像是在水中。

(3) “玻璃”滤镜

使图像看起来像是透过不同类型的玻璃来观看的。可以选取一种玻璃效果，也可以将自己的玻璃表面设置为一个图像文件并应用它。图7-2-5至图7-2-8所示便是“波浪”“波纹”“海洋波纹”和“玻璃”效果的对比。

图7-2-5 波浪滤镜应用后效果

图7-2-6 波纹滤镜应用后效果

图7-2-7 海洋波纹滤镜应用后效果

图7-2-8 玻璃滤镜应用后效果

(4) “极坐标”滤镜

使图像在直角坐标系和极坐标系之间进行转换。

在一个空白的图像文件中绘制垂直方向的彩色线条，然后执行菜单栏中的“滤镜”>“扭曲”>“极坐标”命令，在“极坐标”对话框中启用“平面坐标到极坐标”按钮，图像的垂直线条变成从中心向外发射的线条，如图7-2-9所示。

在一个空白的图像文件中绘制出水平方向的彩色线条，然后执行菜单栏中的“滤镜>“扭曲”>“极坐标”命令，在“极坐标”对话框中启用用“平面坐标到极坐标” 按钮，图像的水平线条变成从中心向外扩散的同心圆，如图7-2-10所示。

图7-2-9 垂直方向的彩色线条进行极坐标应用　　图7-2-10 水平方向的彩色线条进行极坐标应用

(5) “挤压”滤镜

使图像的中心产生凸起或凹陷的效果，数值为正值时，图像向里凹陷；数值为负值时，图像向外凸起。

(6) “镜头校正”滤镜

可以校正普通相机的镜头变形失真的缺陷。

(7) “扩散亮光”滤镜

将图像渲染成像是透过一个柔和的扩散滤镜来观看的效果，此滤镜将透明的白色杂色添加到图像，并应用从选区的中心向外发散的亮光。

(8) “切变”滤镜（图7-2-11为切变前的原图）

图7-2-11 铁塔.jpg

“切变”滤镜可以沿一条曲线来扭曲图像。图7-2-12所示为“切变”对话框，左上部有一个变形框，可以通过修改框中的线条来指定变形曲线；可以在直线上单击鼠标设置控制点，然后拖移调整曲线上的任何一点，图像会随着曲线的形状发生变形。单击“默认”按钮将曲线恢复为直线。图7-2-13所示为切变的效果。

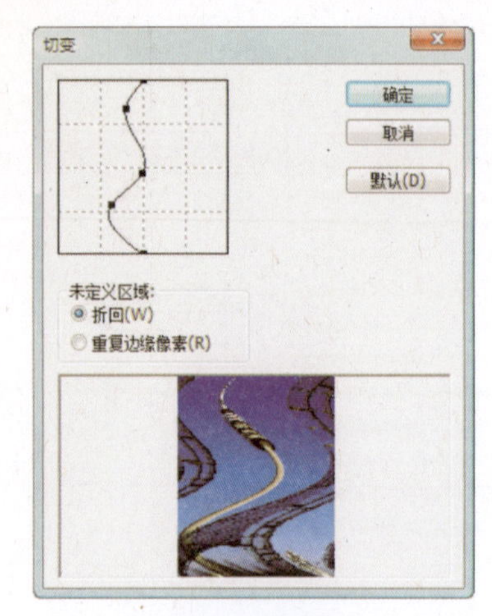

图7-2-12 切变对话框

图7-2-13 切变滤镜应用后效果

(9) “球面化”滤镜

将选区内的图像制作凹陷或凸起的球面效果，使对象具有3D立体感，如图7-2-14所示。

图7-2-14 水平方向的彩色线条进行球面化应用

(10) “水波”滤镜

该滤镜可将图像中的颜色像素，按同心环状由中心向外排布，效果如同荡起阵阵涟漪的湖面。

打开本书配套光盘“第七章”中的“水面波纹原图.jpg”图像，如图7-2-15所示。

图7-2-15 水面波纹原图.jpg

执行“滤镜”>“扭曲”>“水波”命令，在弹出的对话框中设置各项参数，如图7-2-16所示。

单击对话框中的 确定 按钮，扭曲后的图像效果如同池塘中泛起的涟漪水波纹效果，如图7-2-17所示。

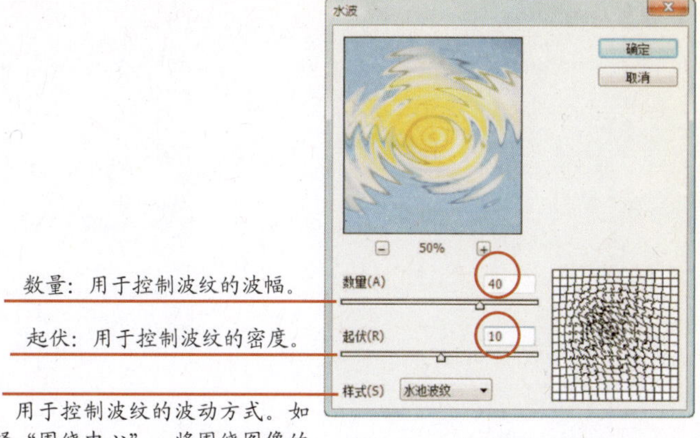

图7-2-16 水面波纹滤镜对话框

图7-2-17 水面波纹滤镜应用后效果

(11) “旋转扭曲”滤镜

使图像发生旋转式的大幅度变形，中心的旋转程度比边缘的旋转程度大。指定角度时可生成旋转扭曲图案。

(12) “置换”滤镜

“置换”滤镜的使用比较特殊，它需要与另一幅被称为“置换图”的图像配合使用，并且该置换图必须是以Photoshop格式存储的。这样，在“置换”滤镜的使用过程中，置换图中的形状会以图像的变形效果表现出来。

打开本书配套光盘“第七章”中的“色带细.jpg”图像，如图7-2-18所示。当选择“置换”命令时，会弹出图7-2-19所示的对话框，在其中设置以下参数。

图7-2-18 色带细.jpg

A.水平比例与垂直比例：表示图像根据置换图颜色移动的距离。

B.伸展以适合和拼贴：置换图的两种方式，它们用于置换图与源图像大小不一时的情况。“伸展以适合”可以使置换图产生伸缩变形，与源图像的大小相配合；“拼贴”则会将置换图的效果重复排列在结果图像当中。

C.未定义区域：“折回”用图像中对边的内容填充未定义空白；“重复边缘像素”按指定方向扩展图像边缘像素的颜色。

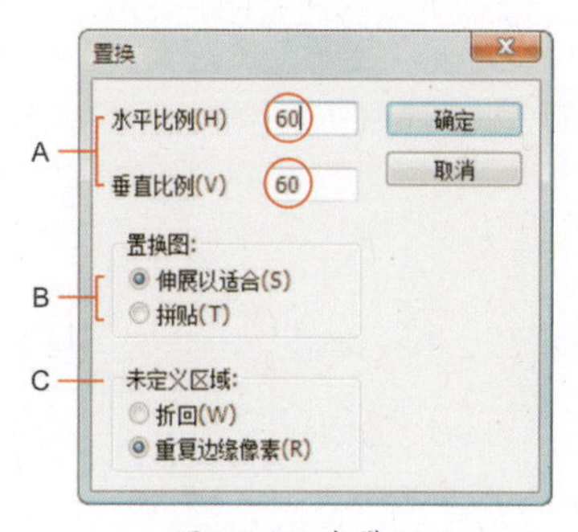

图7-2-19 色带细.jpg

单击“确定”按钮，就会弹出“选择一个置换图”对话框(图7-2-20)，在此对话框中选择一张置换图(图7-2-21)，最后置换的效果如图7-2-22所示。

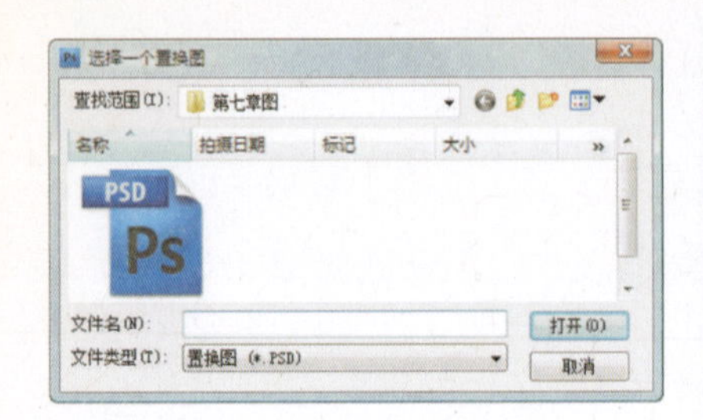

图7-2-20 选择置换图对话框

图7-2-21 置换图.psd

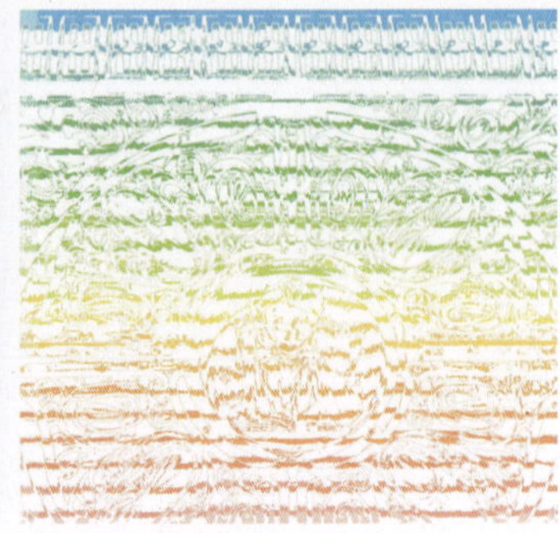

图7-2-22 置换滤镜使线条发生变化

7.2.3 “消失点”滤镜

“消失点”滤镜可以创建在透视的角度下编辑图像，允许在包含透视平面的图像中进行透视校正编辑。通过使用“消失点”滤镜来修饰、添加或移去图像中包含有透视的内容时，结果将更加逼真。下面利用“消失点”功能来制作一个包装效果图。

首先，打开本书配套光盘“第七章”中的“线框带层图.psd”图像和“绿色.jpg”，如图7-2-23和7-2-24所示，做成一个模拟体的包装效果图。

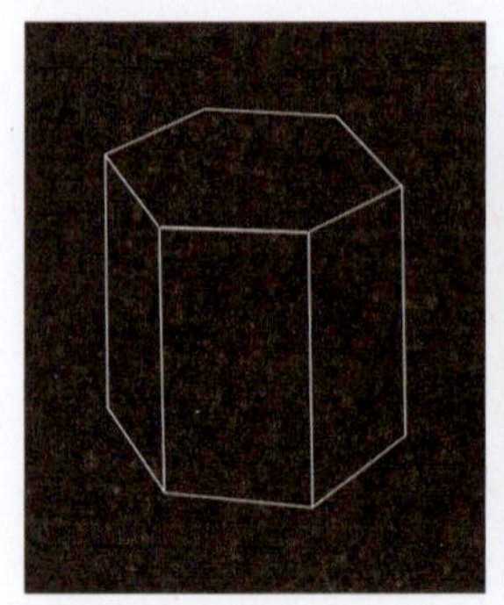

图7-2-23 线框带层图.psd

图7-2-24 绿色.jpg

全选并按快捷键Ctrl+C，复制该平面展开图。然后进入黑白的包装盒线画稿，新建“图层1”，执行菜单栏中的“滤镜”>“消失点”命令，打开“消失点”编辑对话框，选择对话框左上角第二个工具“创建平面工具”(其使用方法与钢笔工具相似)，开始绘制贴图的一个面(图7-2-25)。绘制完成后这个侧面中自动生成了浅蓝色的网格。

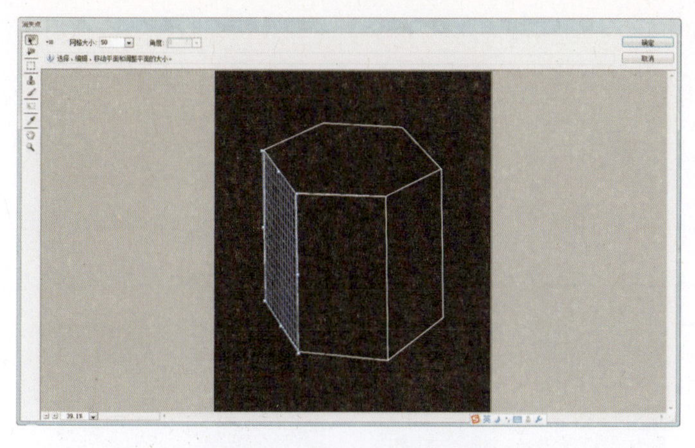

图7-2-25 绘制贴图的第一个面

接下来创建下一个包装盒侧面。先注意看一下刚才创建的第一个网格面，其4个角和每条边线的中间都设有控制手柄，将鼠标放在网格最右侧的边缘中间的控制手柄上，按住Ctrl键向右拉，这时候一个新的网格面沿着边缘被拖出来了；此时将鼠标移动到这个新网格面最右侧的中间控制手柄上，再按住Alt键拖拉鼠标，此时这个新的面就像一扇门一样会沿着轴旋转，拖拉鼠标直到调整这个面到一个合适的方向与位置；然后再用鼠标拖动中间控制手柄调整网格的水平宽度，使其适配到包装盒的中间面；再以同样的方法，继续按住Ctrl键拖拉创建第三个网格面；再按住Alt键将其拖拉适配到包装盒的第三个侧面中，如图7-2-26所示。

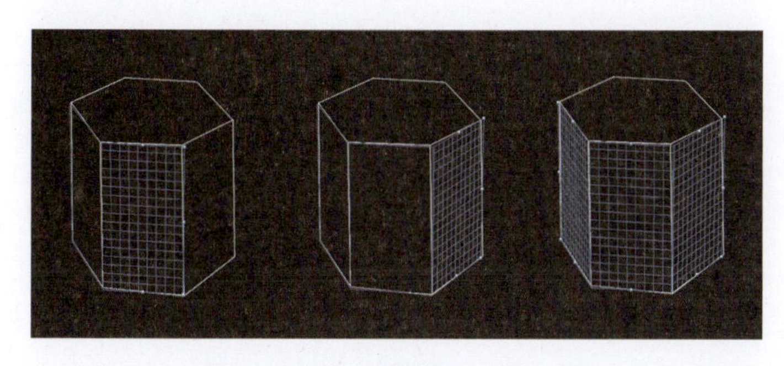

图7-2-26 绘制并调整第二个和第三个面

按住Ctrl键拖拽，可以沿边缘生成新的网格面；按住Alt键拖拉鼠标，可以沿着轴旋转这新生成的面。

然后，按快捷键Ctrl+V，把刚才复制的那张贴图粘贴进来。刚开始贴入时那张图还位于线框之外，用鼠标将它直接拖到刚才设置的网格线框里，这时候平面贴图被自动适配到刚才创建的形状里，并且符合透视变形，如图7-2-27所示。如果贴图的大小与包装盒并不合适，可以选择“消失点”对话框左侧的“变换工具”来调整一下贴图的大小，把图片放大或缩小使其正好适合盒子外形。单击“确定”按钮，消失点的制作完毕。包装盒虽已实现外形贴图，但还需要再给图片添加上一些光影效果，使其立体感更强烈和真实。最后将包装盒的盒盖加上，完整的效果图如图7-2-28 所示。

图7-2-27 贴图被自动适配到刚才创建的形状里

图7-2-28 绘制并调整第二个和第三个面

7.3 模拟绘画及自然效果滤镜

7.3.1 “艺术效果”滤镜（图7-3-1为原图）

“艺术效果”滤镜主要用来表现不同绘画效果，通过模拟绘画时使用的不同技法而得到各种天然或传统的艺术效果。下面简单地介绍一下“艺术效果”滤镜包含的各种滤镜效果，如图7-3-2至图7-3-6所示。

图7-3-1 风景.jpg

壁画：使用短而圆的、粗略轻涂的小块颜料，以一种粗糙的风格绘制图像。

彩色铅笔：使用彩色铅笔在纯色背景上绘制图像。保留重要边缘，外观呈粗糙阴影线，纯色背景色透过平滑的区域显示。

粗糙蜡笔：使图像看上去好像是用彩色蜡笔在带纹理的背景上描过边。在亮色区域，蜡笔看上去很厚，几乎看不见纹理；在深色区域，蜡笔似乎被擦去了，使纹理显露出来。

底纹效果：在带纹理的背景上绘制图像，然后将最终图像绘制在该图像上。

图7-3-2 底纹滤镜应用效果

调色刀：如同美术创作中使用利刀在调色板上混合颜料，然后直接在画布上涂抹。

干画笔：使用干画笔(介于油彩和水彩之间)技术绘制图像边缘。此滤镜通过将图像的颜色范围降到普通颜色范围来简化图像。

海报边缘：根据设置的“海报化”选项减少图像(色调分离)中的颜色数量，并查找图像的边缘，在边缘上绘制黑色线条。图像中大而宽的区域有简单的阴影，而细小的深色细节遍布图像。

图7-3-3 调色刀滤镜应用效果

海绵：使用颜色对比强烈、纹理较重的区域创建图像，使图像看上去好像是用海绵绘制的。

绘画涂抹：模仿油画中的铲刀效果，把色彩进行堆积而造成相对小范围的模糊。

胶片颗粒：通过设置其强光区域程度来产生强光效果，将平滑图案应用于图像的阴影色调和中间色调。将一种更平滑、饱合度更高的图案添加到图像的亮区，再加上颗粒化的背景，使主题更为突出。

图7-3-4 海报边缘滤镜应用效果

木刻：将图像描绘成好像是由粗糙剪下的彩色纸片组成的，高对比度的图像看起来呈剪影状，而彩色图像看上去是由几层彩色纸组成的。

霓虹灯光：将各种类型的发光添加到图像中的对象上，对于在柔化图像外观、给图像着色时很有用，使图像产生一种彩色氛光效果。其中工具箱中的前景色、背景色和辉光色决定了氛光的色彩。

水彩：以水彩的风格绘制图像，简化图像细节，像是使用蘸了水和颜色的中等画笔来绘画的效果。

图7-3-5 木刻滤镜应用效果

塑料包装：给图像涂上一层发光的塑料，以强调表面细节，模拟现实中被薄膜包装起来的效果。

涂抹棒：使用短的线条描边涂抹图像的暗调区域以柔化图像。亮调区域变得更亮，以致失去细节。

图7-3-6 塑料包装应用效果

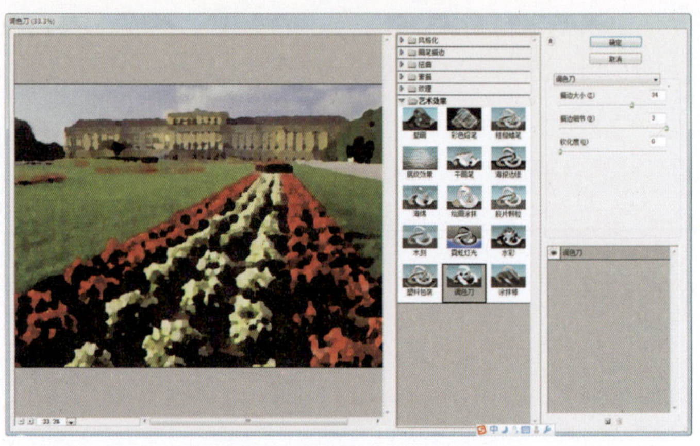

图7-3-7 调色刀效果对话框

7.3.2 “画笔描边”滤镜（图7-3-8为原图）

“画笔描边”滤镜主要使用不同的画笔和油墨进行描绘，产生各种不同的绘画笔触效果，如图7-3-9至图7-3-14所示。下面简单地介绍一下“画笔描边”滤镜包含的各种滤镜效果。

成角的线条：使用成角的线条重新绘制图像。用一个方向的线条绘制图像的亮区，用相反方向的线条绘制暗区。

墨水轮廓：该滤镜是以钢笔画的风格、用纤细的线条在原细节上重绘图像。

图7-3-8 草地.jpg

喷溅：模拟喷溅喷枪的效果。增加“平滑度”选项参数可简化总体效果。

喷色描边：使用图像的主导色，用成角的、喷溅的颜色线条重新绘画图像。

强化的边缘：强化图像边缘。设置高的边缘亮度控制值时，强化类似白色粉笔；设置低的边缘亮度控制值时，强化类似黑色油墨。

深色线条：用短的、绷紧的线条绘制图像中接近黑色的暗区，用长的白色线条绘制图像中的亮区。

烟灰墨：以日本画的风格绘画图像，看起来像是用蘸满黑色油墨的湿画笔在宣纸上绘画。这种效果使得柔化模糊边缘非常黑。

阴影线：保留原图像的细节和特征，同时使用模拟的铅笔阴影线添加纹理，并使图像中彩色区域的边缘变粗糙。

图7-3-9 成交的线条应用效果

图7-3-10 墨水轮廓应用效果

图7-3-11 喷溅应用效果

图7-3-12 强化的边缘应用效果

图7-3-13 深色的线条应用效果

图7-3-14 阴影线应用效果

7.3.3“素描”滤镜

“素描”滤镜可以将纹理添加到图像中去，大多数需要工具箱中的前景色和背景色来配合使用，下面简单地介绍一下“素描”滤镜包含的各种滤镜效果。

半调图案：保持连续的色调范围的同时，模拟半调网屏的效果，实施效果如图7-3-15所示。

图7-3-15 风车

便条纸：创建像是用手工制作的纸张构建的图像，以前景色和背景色形成纸张和图形的颜色，并自动加上纸张纹理效果，实施效果如图7-3-16所示。

图7-3-16 便条纸应用效果

粉笔和炭笔：重绘图像的高光和中间色调，其背景为粗糙粉笔绘制的纯中间色调。阴影区域用黑色替换。炭笔用前景色绘制，粉笔用背景色绘制。

铬黄：将图像处理成好像是擦亮的铬黄表面。高光在反射表面上是高点，暗调是低点。应用此滤镜后，使用“色阶”对话框可以增加图像的对比度，实施效果如图7-3-17所示。

绘图笔：使用细的、线状的油墨描边以获取原图像中的细节，多用于对扫描图像进行描边。此滤镜使用前景色作为油墨，并使用背景色作为纸张，以替换原图像中的颜色，实施效果如图7-3-18所示。

图7-3-17 铬黄应用效果

基底凸现：变换图像，使之呈浅浮雕的雕刻状，突出光照下变化各异的表面。图像的暗调呈现前景色，而亮调使用背景色。

水彩画：指利用有污点的、像画在潮湿的纤维纸上的涂抹，使颜色流动并混合，从而模拟水彩画纸吸收颜料与水的效果。

图7-3-18 绘图笔应用效果

撕边：对于由文字或高对比度对象组成的图像尤其有用。此滤镜重建图像，使之呈粗糙、撕破的纸片状，然后使用前景色与背景色给图像着色。

图章：用于黑白图像时效果最佳。此滤镜简化图像，使之呈现用橡皮或木制图章盖印的样子，实施效果如图7-3-19所示。

图7-3-19 图章应用效果

塑料效果：按3D塑料效果塑造图像，然后使用前景色与背景色为图像着色，暗区凸起，亮区凹陷，实施效果如图7-3-20所示。

炭笔：重绘图像，产生色调分离的、涂抹的效果。主要边缘以粗线条绘制，炭笔是前景色，纸张是背景色。

炭精笔：模拟图像上浓黑和纯白的炭精笔的纹理。在暗调部分使用前景色，在亮调部分使用背景色。为了获得更逼真的效果，可以在应用滤镜之前将前景色改之为常用的炭精笔颜色(黑色、深褐色和血红色)。

图7-3-20 塑料效果应用效果

影印：模拟影印图像的效果。保留图像边缘，而中间色调要么是纯黑色，要么是纯白色。

网状：模拟胶片药膜的可控收缩和扭曲来创建图像，使之在暗调区域呈结块，在高光区呈轻微颗粒化。

7.3.4“风格化”滤镜（原图为7-3-21所示）

“风格化”滤镜通过置换像素和通过查找并增加图像的对比度，在选区中生成绘画或印象派的效果。下面简单地介绍一下“风格化”滤镜包含的各种滤镜效果。

查找边缘：用相对于白色背景的黑色线条勾勒图像的边缘，这对生成图像周围的边界非常有用。

图7-3-21 房屋一角.jpg

等高线：查找主要亮度区域的转换并为每个颜色通道淡淡地勾勒主要亮度区域的转换，以获得与等高线图中的线条类似的效果。

风：在图像中创建细小的水平线条来模拟风的效果，包含3种程度的风。

浮雕效果：使图像产生凸起或凹下的效果，类似一种浅浅的浮雕效果。

图7-3-22 凸出应用效果

扩散：根据选中的扩散选项搅乱选区中的像素，使选区显得聚焦不十分准确，产生透过磨砂玻璃的效果。

拼贴：将图像分解为一系列拼贴，使选区偏移原来的位置。可以选取下列之一填充拼贴之间的区域：背景色、前景色、图像的反转版本或图像的未改变版本。它们使拼贴的版本位于原版本之上并露出原图像中位于拼贴边缘下面的部分。

图7-3-23 照亮边缘应用效果

曝光过度：混合负片和正片图像，类似于显影过程中将摄影照片短暂曝光。

凸出：赋予选区或图层一种3D纹理效果，将图像分成一系列大小相同但随机重复放置的立方体或锥体，图7-3-22所示为立方体“凸出”效果。

照亮边缘：标识颜色的边缘，并向其添加类似霓虹灯的光亮，图7-3-23为实施后的效果图。

7.4 校正性滤镜

7.4.1 “模糊”滤镜（原图为7-4-1所示）

“模糊”滤镜的作用主要是使图像看起来更朦胧一些，也就是降低图像的清晰度，使图像更加柔和，增加对图像的修饰效果。“模糊”滤镜包括以下几种细分的模糊命令。

模糊和进一步模糊：没有任何控制选项，其效果都是消除图像中有明显颜色变化处的杂色，使图像看起来更朦胧一些，只是在模糊程度上有一定的差别，其作用结果都不是十分明显。

图7-4-1 猛虎.jpg

径向模糊：该滤镜可以模拟前后移动相机或旋转相机时产生的模糊效果。在图7-4-2所示的对话框中可以使之产生“旋转”或“缩放”式的模糊效果，还可以在模糊中心框中单击或拖移图案来指定旋转的中心点或发散的原点。图7-4-3所示是缩放径向模糊效果。

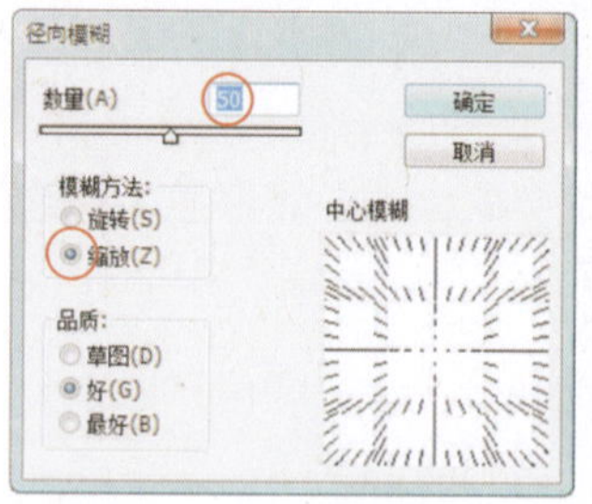

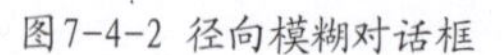

图7-4-2 径向模糊对话框

图7-4-3 径向模糊应用效果

动感模糊：沿特定方向(-360～360度)，以特定强度(1～999)进行模糊。此滤镜的效果类似于以固定的曝光时间给一个移动的对象拍照。通过对图中局部区域制作动感模糊效果，可以使静止的图像产生运动的错觉，图7-4-4为动感模糊对话框。如图7-4-5所示，一辆静止的汽车后半部分使用了动感模糊效果。

高斯模糊：使用可调整的半径值快速模糊选区，产生一种朦胧效果。其中“半径”值设置范围为0.1～250，数值越大，则模糊效果越明显。

图7-4-4 动感模糊对话框

图7-4-5 动感模糊应用效果

7.4.2 “锐化”滤镜

“锐化”滤镜通过增加相邻像素的对比度来聚焦模糊的图像，提高图像清晰度。“锐化”滤镜包括以下几种细分的锐化命令。

USM锐化：该滤镜的作用是对图像的细微层次进行清晰度强调。它采用照相制版中的虚光蒙版原理，通过加大图像中相邻像素间的颜色反差，来提高图像整体的清晰效果。图7-4-6所示为“USM锐化”对话框，主要参数如下。

A. 数量：控制锐化的程度，数值越大，则清晰度强调的效果越明显。
B. 半径：即USM锐化时的运算范围，“半径”数值越大，则清晰度效果越直观。
C. 阈值：定义锐化的临界值，数值越小，锐化的程度越显著。

图7-4-6　USM锐化对话框

锐化：可使图像的局部反差增大提高图像的清晰效果。

进一步锐化：作用力度比“锐化”滤镜稍微大一些。

锐化边缘：自动辨别图像中的颜色边缘，只提高颜色边缘的反差。

智能锐化：该滤镜具有“USM锐化”滤镜所没有的锐化控制功能，图7-4-7所示为“智能锐化”对话框，主要参数如下。

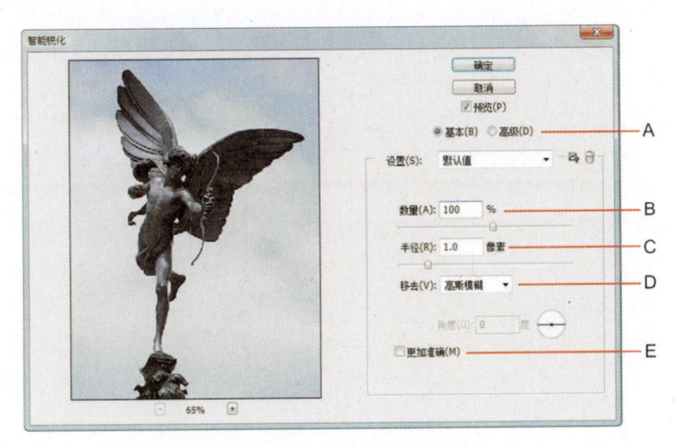

图7-4-7　智能锐化对话框

A. 高级：启用“高级”单选按钮可以显示“阴影”和“高光”选项卡，用于调整较暗和较亮区域的锐化。
B. 数量：用来控制锐化的程度。
C. 半径：用来控制锐化的范围。
D. 移去：设置对图像进行锐化的锐化算法。“高斯模糊”选项是“USM锐化”滤镜使用的方法；“镜头模糊”选项将检测图像中的边缘和细节，对细节进行更精细的锐化，并减少锐化光晕；“动感模糊”选项将尝试减少由于相机或主体移动而导致的模糊效果。
E. 更加准确：需要更多时间处理文件，以更精确地移去模糊。

7.4.3 “杂色”滤镜

杂色经常被人们称为噪点，“杂色”滤镜的主要作用就是在图像中加入或去除噪点。可以通过此滤镜来修复图像中的一些缺陷，如图像扫描时带来的一些灰尘或原稿上的划痕等，也可以用这些滤镜生成一些特殊的底纹。“杂色”滤镜包括以下几种命令。

减少杂色：使用该滤镜可以去除图像中的杂色，还可以消除JPEG存储低品质图像导致的斑驳效果。使用该滤镜去除杂色效果比较理想。

蒙尘与划痕：可以去除图像中没有规律的杂点或划痕。它的对话框中有两项参数：“半径”和“阈值”。只要杂点的“半径”在给定的数值范围内，并且与周围像素的颜色差别大于给定的“阈值”，便可将杂点或划痕去掉，但会降低图像的清晰度。

去斑：该滤镜每使用一次，即可去除图像中一些有规律的杂色或噪点，但去除后打印时会使图像的清晰度受到损失。

添加杂色：该滤镜的作用是在图像中添加一些随机分布的杂点，使图像看起来有一些颗粒的质感。

中间值：该滤镜可以去除图像中的杂点和划痕，它通过混合像素的亮度值来减少图像中的杂色，使用时会使图像变模糊。

7.5 纹理与光效滤镜

7.5.1 “渲染”滤镜

“渲染”滤镜可以在图像中创建云彩图案、模拟灯光、太阳光等效果，还可以结合通道创建各种纹理贴图。“渲染”滤镜包括以下几种命令。

云彩：由工具箱的前景色和背景色之间的变化随机生成柔和的云彩图案。

分层云彩：将工具箱中的前景色与背景色混合，形成云彩的纹理，并和底图以“差值”方式合成。

纤维：使用前景色和背景色创建编织纤维的外观。

镜头光晕：可以产生一种透镜接受光照时形成的光斑，通常用几个相关联的光圈来模拟日光的效果，如图7-5-2所示。在对话框中可以设置光照的“亮度”，选择“镜头类型”，还可以在预视区内用鼠标指定光斑的“光晕中心”。

图7-5-1 阳光.jpg

光照效果：模拟光源照射在图像上的效果，其变化比较复杂。

下面应用“镜头光晕”滤镜在图像中添加一束阳光。打开本书配套光盘“第七章”中的“阳光.jpg”图像，如图7-5-1所示。在弹出的对话框中设置各项参数，如图7-5-2所示，最后效果如图7-5-3所示。

图7-5-2 镜头光晕对话框

图7-5-3 镜头光晕应用后效果

7.5.2 “像素化”滤镜（图7-5-4为原图）

“像素化”滤镜的作用是将图像以其他形状的元素重新再现出来，它不是真正地改变图像像素点的形状，只是在图像中表现出某种基础形状的特征，以形成一些类似像素化的形状变化。“像素化”滤镜包括以下几种命令。

图7-5-4 外国建筑.jpg

彩色半调：可以产生一种彩色半调印刷(加网印刷)图像的放大效果，即将图像中的所有颜色用黄、洋红、青、黑四色网点的相互叠加进行再现的效果。可以设置网点的“最大半径”以及4个通道的“网角”等参数。这种效果现在很流行，它能代表时尚的潮流感，如图7-5-5及图7-5-6所示。

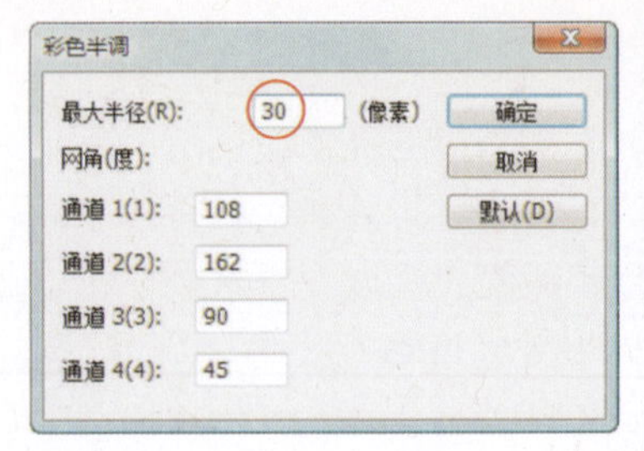

图7-5-5 彩色半调对话框

图7-5-6 彩色半调应用后效果

彩块化：使纯色或相近颜色的像素结块，可以使图像看起来像手绘的水粉作品。

点状化：将图像中的颜色分解为随机分布的网点，如同点彩派绘画一般，并使用背景色作为网点之间的画布颜色，应用效果如图7-5-7所示。

晶格化：使像素结块，形成单色填充的多边形，应用效果如图7-5-8所示。

马赛克：使相邻的像素结为方形颜色块，是一种较常用的图像处理技法，可以调节单元方格的大小，应用效果如图7-5-9所示。

碎片：创建选区中像素的4个副本，将它们平均，并使其相互偏移，图像产生模糊不清的错位效果。

铜版雕刻：该滤镜可以将图像转换为黑白区域的随机图案或彩色图像中完全饱和颜色的随机图案，使画面形成以点、线或边构成的雕刻版画效果。

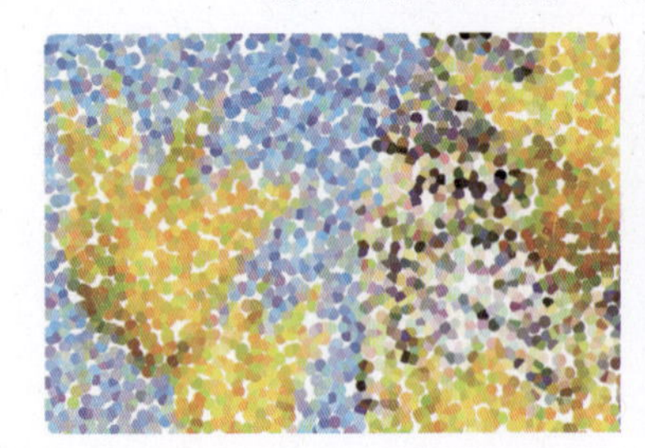

图7-5-7 点状化应用后效果

图7-5-8 晶格化应用后效果

图7-5-9 马赛克应用后效果

7.5.3 “纹理”滤镜（图7-5-10为原图）

“纹理”滤镜可以通过纹理的添加表现图像的深度感和材质感，经常用于制作ads Max的材质贴图。“纹理”滤镜包括以下几种命令：“龟裂缝”“颗粒”“马赛克拼贴”“拼缀图”“染色玻璃”“纹理化”等滤镜效果。图7-5-11至图7-5-13所示为几种纹理效果的呈现。

图7-5-10 林荫路.jpg

图7-5-11 马赛克拼贴应用后效果

图7-5-12 拼缀图应用后效果

图7-5-13 染色玻璃应用后效果

7.5.4 滤镜库

使用“滤镜库”可以累积应用滤镜，并可多次应用单个滤镜，还可以重新排列滤镜并更改已应用的滤镜的设置，以便实现所需的效果。执行菜单栏中的“滤镜”>“滤镜库”命令可打开“滤镜库”对话框，如图7-5-14所示。

图7-5-14 滤镜库对话框

“滤镜库”中的滤镜效果是按照它们的选择顺序应用的，在应用滤镜之后，可通过在已应用的滤镜列表(对话框右下部)中将滤镜名称拖移到另一个位置来重新排列它们。还可以通过选择滤镜并单击“删除效果图层”按钮删除已应用的滤镜。

7.5.5 智能滤镜

智能滤镜基于智能对象，对任何智能对象使用的滤镜都是智能滤镜。智能滤镜出现在“图层”面板中应用这些智能滤镜的智能对象的图层下方。由于可以调整、移去或隐藏智能滤镜，所以使用智能滤镜可以自由地试验滤镜效果的叠加，而丝毫不会破坏图像的像素。

在创建智能滤镜之前，首先需要将图层转换成智能对象。方法：选择相应的图层，然后执行菜单栏中的“滤镜”>“转换为智能滤镜”命令，或执行菜单栏中的“图层”>“智能对象”>“转化为智能对象”命令。

要将智能对象滤镜应用于整个智能对象图层，只需在“图层”面板中选择相应的智能对象图层，如图7-5-15所示，选择智能对象“花”图层，执行菜单栏中的“滤镜”>“纹理”>“染色玻璃” 命令，在弹出的对话框中使用默认参数，单击确定 按钮，此时在“图层”面板中将看到智能滤镜的内容，如图7-5-16所示。

除了“液化”“图案生成器”和“消失点”之外，可以将任何滤镜作为智能滤镜应用。此外，还可以将“阴影/高光”和“变化”调整作为智能滤镜应用。

图7-5-15 选择智能对象

图7-5-16 添加染色玻璃滤镜

如果要将智能滤镜的效果限制在智能对象图层的选定区域，可以先创建选区，再执行“滤镜”菜单下的命令，此时在“图层”面板中将看到智能滤镜被遮盖，如图7-5-17所示。这与图层蒙版有些相似。

“智能滤镜”具有“混合选项”，编辑智能滤镜混合选项类似于在对传统图层应用滤镜时使用“渐隐”命令。在“图层”面板中，双击智能滤镜后的图标，即可弹出“智能滤镜”“混合选项(染色玻璃)”对话框(图7-5-18)，可在此编辑其混合参数。

图7-5-17 选区内进行滤镜处理图层显示状态

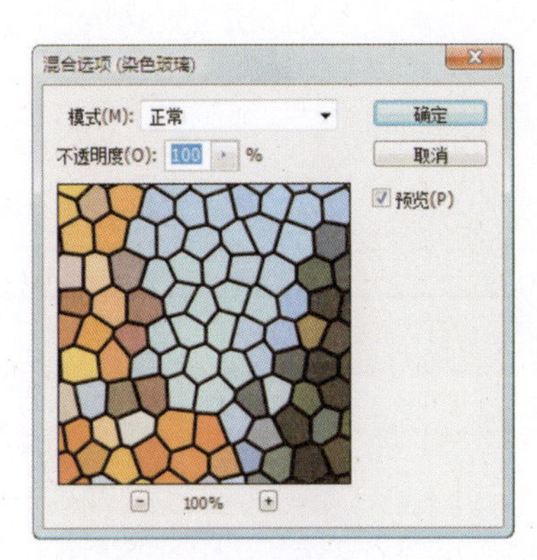

图7-5-18 混合选项（染色玻璃）

【课题训练】

7.6 下雪场景效果制作

7.6.1课题说明

在现实生活中有人工降雨、人工造雪的说法，Photoshop中也有“手动降雪”的功能。在本节上机实践中，我们将运用本节讲解的知识制作一幅满天飞雪的效果图像。我们先来看看最终效果，如图7-6-1所示。

图7-6-1 下雪场景最后效果

7.6.2 课题引导

本实例的制作过程非常简单。在此我们列举以下制作的大致步骤：向图像中添加杂点并执行点状化命令，把杂点编辑成色块效果；选择其中的一种颜色并填充白色；取消选区并模糊图像，完成最终效果。

以下分步骤讲解：

图7-6-2 下雪原图.jpg

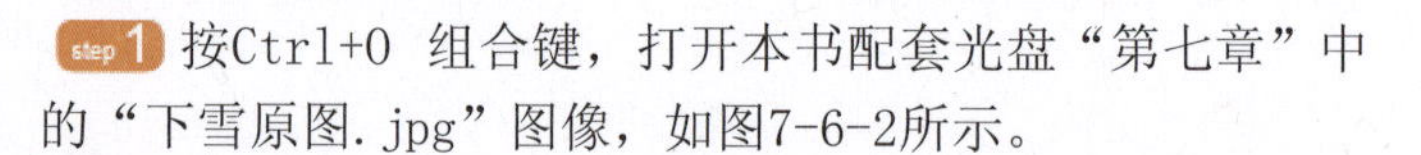

step 1 按Ctrl+O 组合键，打开本书配套光盘“第七章”中的“下雪原图.jpg”图像，如图7-6-2所示。

step 2 新建“图层1”并向该层中填充白色。执行菜单栏中的“滤镜”>“杂色”>“添加杂色”命令，在弹出的对话框中设置各项参数，如图7-6-3所示。

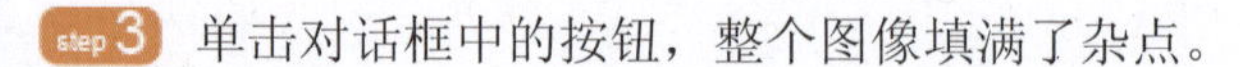

step 3 单击对话框中的按钮，整个图像填满了杂点。

step 4 执行“滤镜”>“像素化”>“点状化”命令，在弹出的对话框中设置参数，如图7-6-4所示。

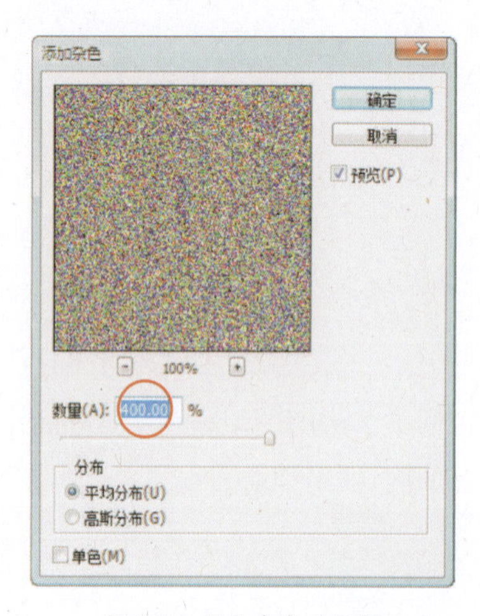

图7-6-3 添加杂色对话框

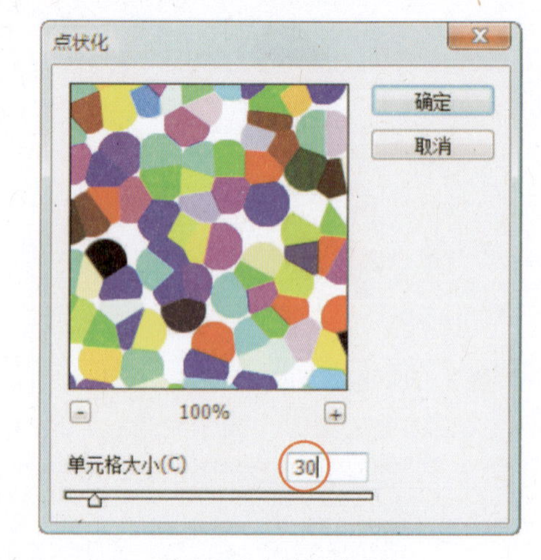

图7-6-4 点状化对话框

step5 单击按钮，添加的杂色被处理成色块效果，如图7-6-5所示。

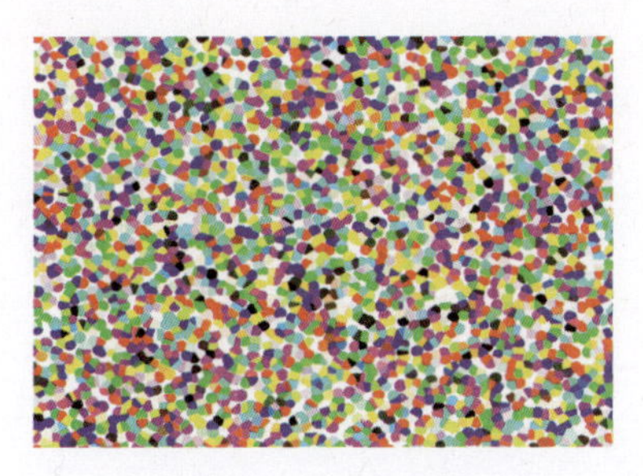

图7-6-5 点状化效果

step6 使用工具将其中的任意一种颜色全部选择，并填充白色。之后按Ctrl+Shift+I组合键，反选选区并删除选区内的图像，效果如图7-6-6所示。

图7-6-6 反选选区并删除选区内的图像效果

使用工具选择某种颜色时，单击一次选择的效果有可能不理想，此时可以按下工具属性栏中的 按钮(添加到选区)，再次在图像中单击，可以增加选取的范围。

step7 取消选区。执行菜单栏中的“滤镜”>“模糊”>“高斯模糊”命令，在弹出的对话框中设置参数，如图7-6-7所示。

“高斯模糊”对话框中的“半径”用来控制模糊的程度，其取值范围为0.1～250 。

step8 单击对话框中 确定 按钮，图像边缘出现虚化效果，如图7-6-8所示。

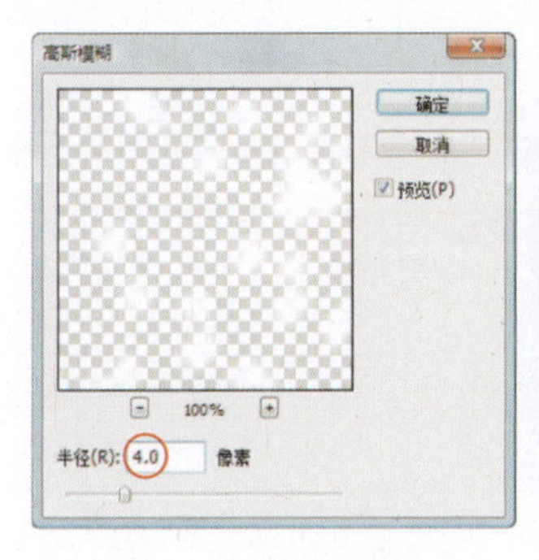

图7-6-7 高斯模糊对话框

图7-6-8 高斯模糊效果

7.7 特效字体制作

7.7.1课题说明

在前面的章节中，我们学习了不同的滤镜效果。在本课题中，我们将运用各种滤镜命令，并结合前面学过的内容制作一个特效文字(效果如图7-7-1所示)。表现出特效文字的质感，是制作的关键所在。

图7-7-1 最终效果

7.7.2课题引导

本实例的制作过程相对复杂，我们把整个制作过程进行归纳，主要有以下几大步：打开素材文件，输入要编辑的文字，运用液化命令编辑文字液态效果，运用一系列的滤镜命令编辑文字的冰凌质感，绘制星光增强文字质感，完成最终效果。

图7-7-2 素材.jpg

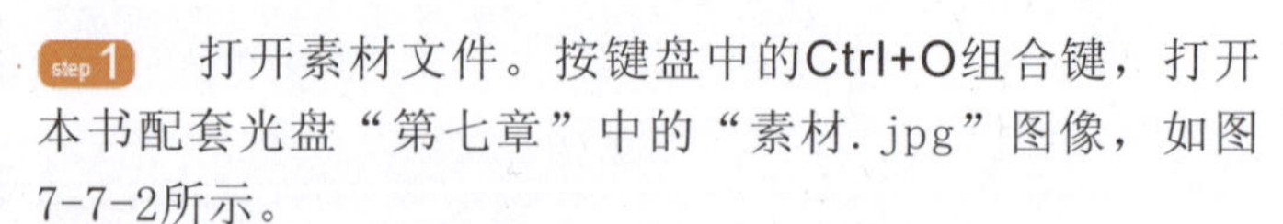

step 1 打开素材文件。按键盘中的Ctrl+O组合键，打开本书配套光盘“第七章”中的“素材.jpg”图像，如图7-7-2所示。

step 2 设置字符面板选项。单击工具箱中的横排文字工具按钮，在弹出的“字符”面板中设置各项参数，如图7-7-3所示。

step 3 设置工具属性。设置完成后，关闭字符面板，在工具属性栏中设置文字颜色，可以随意设置，因为颜色不影响后面的操作。

图7-7-3 字符面板

step 4 输入文字并转换文字图层。将鼠标放置在图像中单击，输入“白雪皑皑”字样，然后将生成文字层转换为普通的图层。输入的文字效果如图7-7-4所示。

图7-7-4 输入的文字效果

step 5 设置液化选项。执行菜单栏中的“滤镜”>“液化”命令，在弹出的“液化”命令对话框中，设置修饰文字液态效果的各项参数，如图7-7-5所示。

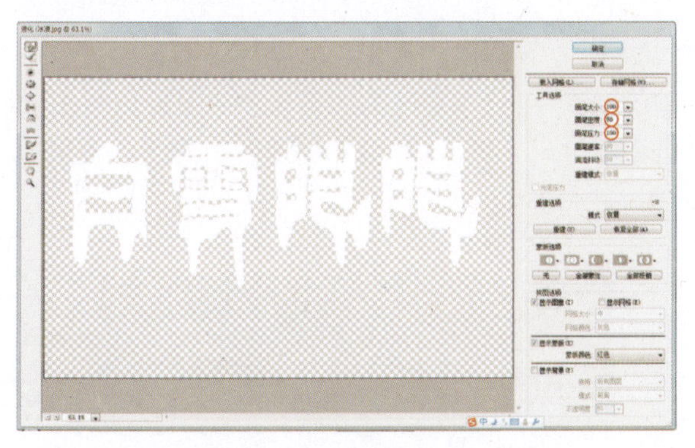

图7-7-5 液化对话框

step 6 应用液化滤镜。单击对话框中按钮，修饰后的文字效果如图7-7-6所示。

step 7 创建文字选区。按键盘中Ctrl键的同时，单击“图层”面板中文字层的缩略图，创建文字选区，如图7-7-7所示。

step 8 扩展选区并删除图层。执行菜单栏中“选择”>“修改”>“扩展”，将选区扩展4个像素。将该图层删除，只保留文字选区，效果如图7-7-8所示。

图7-7-6 液化后文字效果

图7-7-7 创建文字选区

图7-7-8 文字选区

step9 设置挤压选项。执行菜单栏中的“滤镜”>“扭曲”>“挤压”命令，在弹出的“挤压”对话框中设置参数，单击对话框中的确定按钮，选区内的图像产生了向内挤压效果。按键盘中的Ctrl+F键3次，增加图像的扭曲度，效果如图7-7-9所示。

制作图像扭曲效果的目的是为了突出选区内的图像，使其与背景层图像产生一种空间感，为以后冰凌效果的表现埋下伏笔。

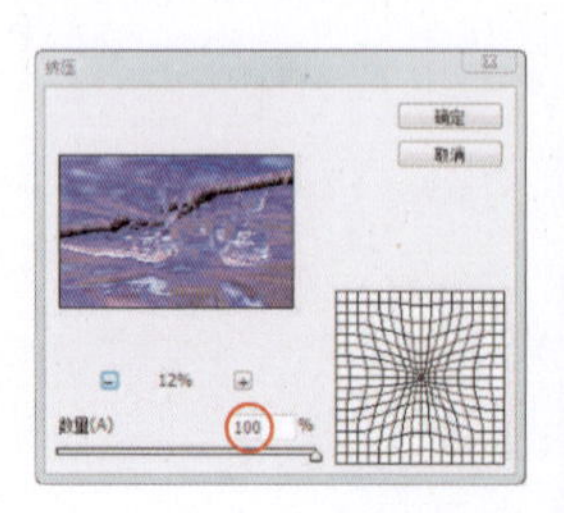

图7-7-9 挤压效果应用及形成的图像效果

step10 设置海绵选项。执行菜单栏中的“滤镜”>“艺术效果”>“海绵”，在弹出的对话框中设置各项参数。单击对话框中的确定按钮，图像产生了海绵上的斑点效果，如图7-7-10所示。

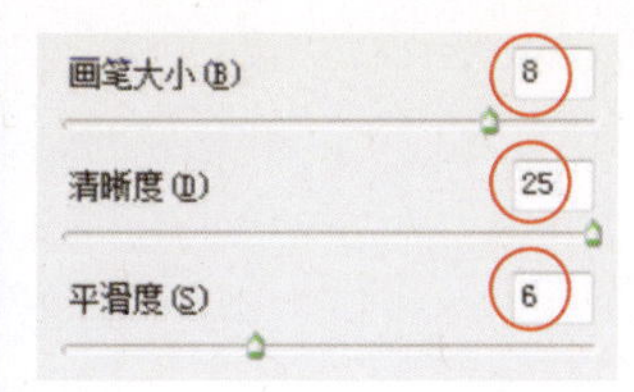

图7-7-10 海绵效果应用及形成的图像效果

step11 设置塑料包装选项。执行菜单栏中的“滤镜”>“艺术效果”命令，设置其对话框中的参数，应用塑料包装滤镜。单击对话框中的确定按钮，图像表面赋予了一层类似塑料薄膜，如图7-7-11所示。

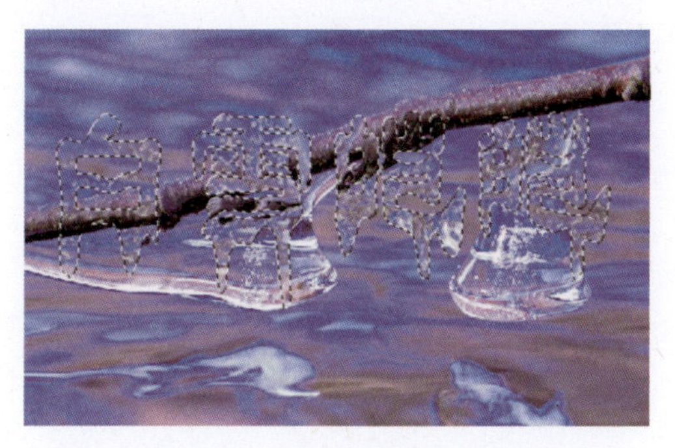

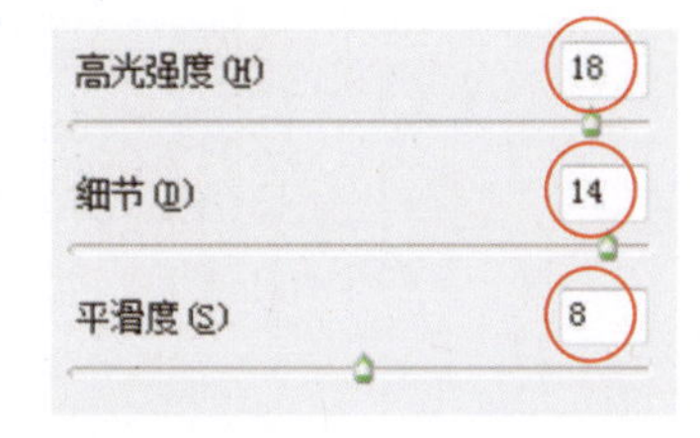

图7-7-11 塑料效果应用及形成的图像效果

step12 设置海洋波纹选项。执行菜单栏中的“滤镜”>“扭曲”>“海洋波纹”命令，设置其对话框中的参数，单击对话框中的确定按钮，图像表面又产生了碎冰效果，如图7-7-12所示。

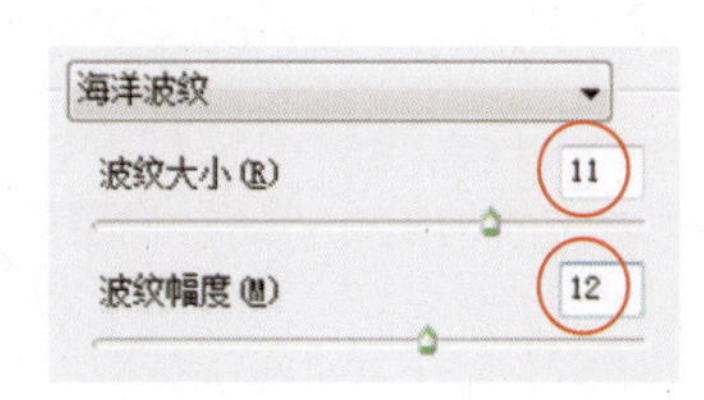

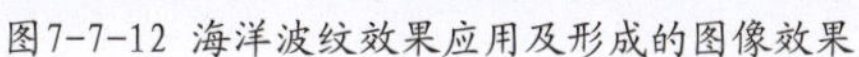
图7-7-12 海洋波纹效果应用及形成的图像效果

step13 新建图层并描边。新建“图层1”，执行“编辑”>“描边”命令，在弹出的对话框中设置描边颜色为白色，其他参数如图7-7-13所示。确认描边操作。单击对话框中的确定按钮，选区被描“10”个像素的白边，效果如图7-7-14所示。

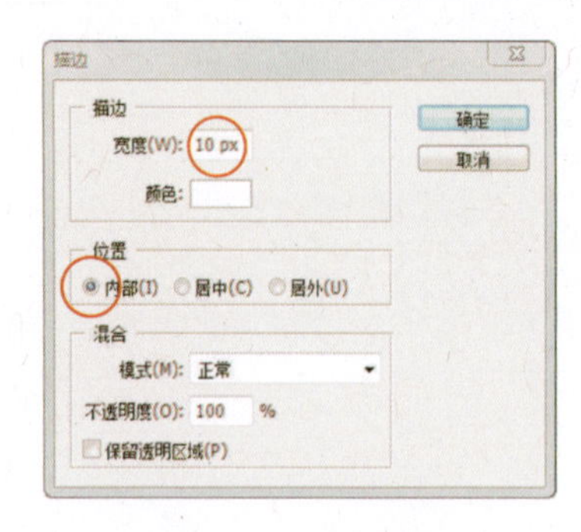

图7-7-13 描边对话框

图7-7-14 描边图像效果

step14 设置径向模糊选项。执行菜单栏中的“滤镜”>“模糊”>“径向模糊”命令，在对话框中设置各项参数，单击对话框中的确定按钮，模糊后的文字边缘出现了虚实变化的效果，如图7-7-15所示。

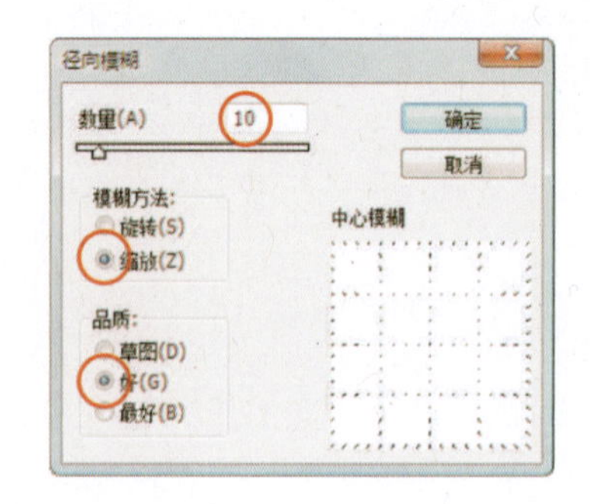

图7-7-15 径向效果效果应用及形成的图像效果

step15 合并图层。在“图层”面板中，激活背景层，并将其与“图层1”合并。

step16 将选区内的文件粘贴到新文件中。按Ctrl+C组合键，复制选区内的图像。按Ctrl+N组合键，新建一个图像文件，按Ctrl+V组合键，将复制的图像粘贴到新建的文件中。新建文件时，“新建”对话框中的参数设置采用系统默认设置即可。

step17 保存新建的文件。执行菜单栏中的“文件”>“存储”命令，将新建的文件以默认的文件名称存储为“未标题-1.psd”，以备后用，然后将此文件关闭。

step18 设置玻璃滤镜选项。激活当前图像，并继续下面的操作。执行菜单栏中的“滤镜”>“模糊”>“玻璃滤镜”命令，在弹出的对话框中，单击“纹理”项右侧的按钮，再单击载入纹理按钮，如图7-7-16所示，在弹出的“载入纹理选框”中选择刚才保存的“未标题-1.psd”文件，确认后设置“玻璃”滤镜对话框中的其他参数，如图7-7-17所示。单击对话框中的确定按钮，由于载入了文字原有的纹理效果，所以此时文字出现晶莹剔透的效果，如图7-7-18所示。

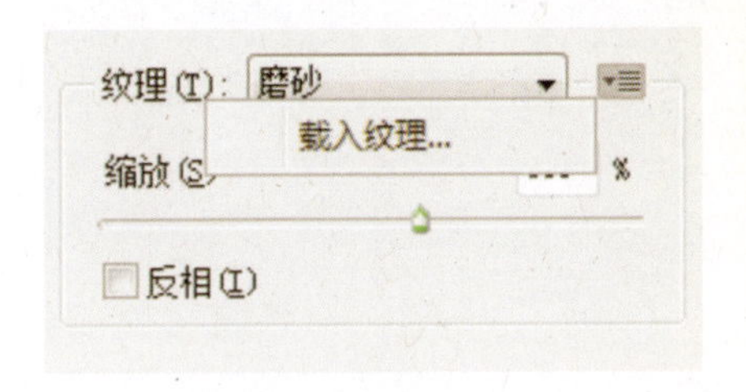

图7-7-16 选择载入纹理

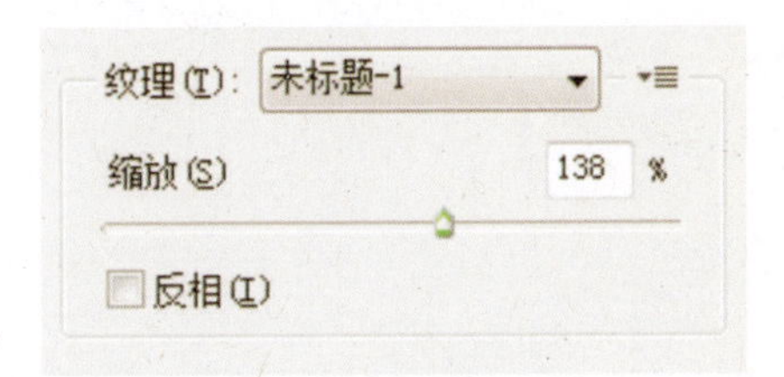

图7-7-17 玻璃滤镜选项设置

图7-7-18 玻璃效果应用后形成的图像效果

step19 新建图层并描边。新建“图层1”，依照第13步的操作为图像描边，描边颜色不变，描边宽度设为“8”个像素，描边后的效果如图7-7-19所示。

图7-7-19 描边后图像效果

图7-7-20 设置混合模式后图像效果

step20 设置混合模式。在“图层”面板中设置该层混合模式为“叠加”，以编辑文字边缘的光线映射效果，取消选区，文字效果如图7-7-20所示。

step21 添加星光完成最终效果。使用工具在文字边缘绘制几个星光，增加文字晶莹剔透的质感并完成文字最终效果，如图7-7-21所示。

图7-7-21 最终完成效果

【归纳总结】

滤镜主要是用来实现图像的各种特殊效果，具有非常神奇的作用。滤镜的操作非常简单，但是真正用起来却很难恰到好处。滤镜通常需要同通道、图层等联合使用，才能取得最佳艺术效果。

滤镜的功能非常强大而且千变万化，但不能把滤镜效果等同于设计效果，这是初学者容易产生的认识误区。

熟练而合适地使用滤镜，除了需要掌握对滤镜熟悉和操控能力，还需要在不断的实践中积累经验，培养相应的审美能力和丰富的想象力，这样才能有的放矢的应用滤镜，发挥出艺术才华，从而创作出优秀的设计作品。

第8章 文字与编排

——不可或缺的视觉要素

Photoshop软件中的文字与编排功能虽居于次要地位，但功能也不可忽视。如果需要使用文字的话，完全可以在Photoshop中完成图像和文字的混合编排。绘图软件所制作出来的有两种不同类型的文字，一种是轮廓文字，一种是位图文字。Photoshop保留了文字的矢量轮廓，可在缩放文字、调整文字属性、存储为PDF—EPS文件或将图像输出到PostScript打印机时使用这些矢量信息，生成的文字可产生清晰的不依赖于图像分辨率的边缘。

【知识阐述】

8.1 文字的输入

Photoshop工具箱中（图8-1-1为文字工具菜单）有一组专门用来输入文字的工具，它们的具体功能如下。

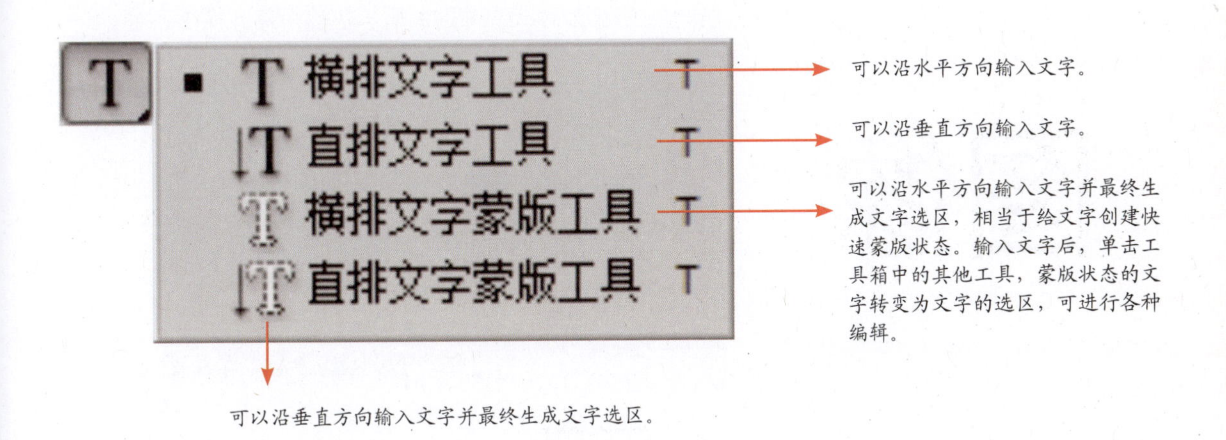

图8-1-1 Photoshop中的文字工具

8.1.1 输入点文字

输入点文字指输入少量文字，即一个字或一行字符。

创建一个新文件，单击工具箱中的“横排文字工具”，在其工具属性栏内先设置各项参数，如图8-1-2所示。

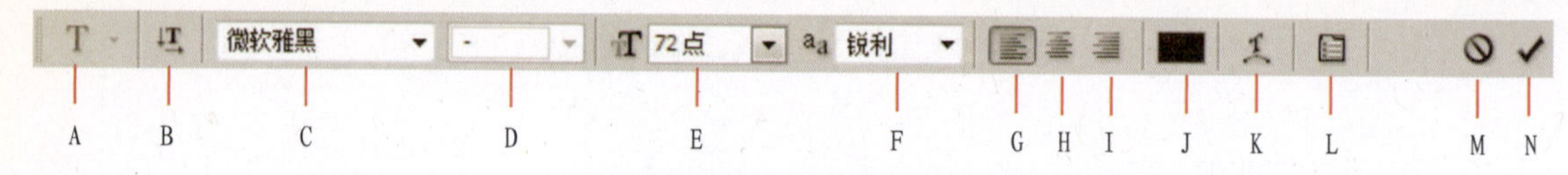

图8-1-2 横排文字工具属性栏

A.当前选中的文字工具
B.改变文字排列的方向（直排或横排）
C.在弹出菜单中选择字体
D.设定字体
E.设定字号
F.设定消除锯齿的选项
G.文字左齐
H.文字居中
I.文字右齐
J.设定文字颜色
K.调出“文字弯曲”对话框
L.调出“字符”和“段落”面板
M.取消当前的编辑
N.执行当前的编辑（单击M或N按钮，可取消当前的文字编辑状态）

在Photoshop中不能为多通道、位图或索引颜色模式的图像创建文字图层，因为这些模式不支持图层。在这些图像模式中，文字显示在背景上，无法编辑。

将鼠标放置在页面中单击，会出现一个闪动的插入光标，此时可以选择不同的输入法输入文字，如图8-1-3所示。如果要改变字体、字号等，可在插入光标状态下拖曳鼠标将文字选中，如图8-1-4所示，然后修改文字属性。

单击工具箱中的“直排文字工具”，可以使输入文字沿垂直方向排列，如图8-1-5所示。

输入文字后，在“图层”面板中可看到自动生成了一个文字图层，在图层上有一个字母T，表示当前的图层是文字图层，如图8-1-6所示。

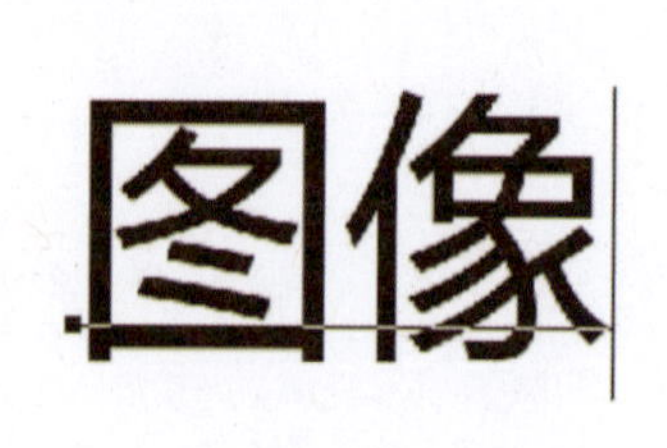

图8-1-3输入文字后效果

图8-1-4选中文字

图8-1-5选中文字

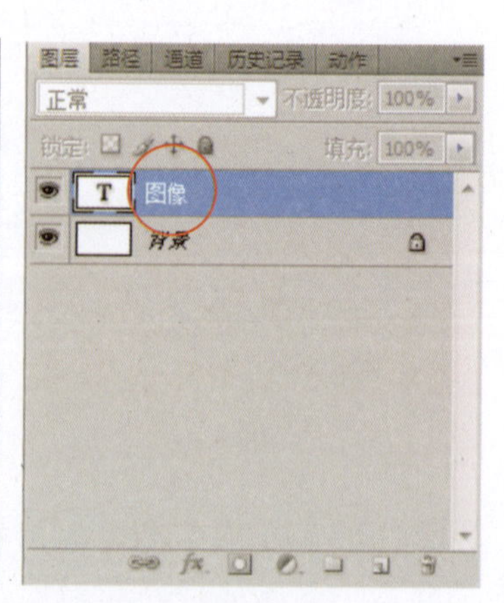

图8-1-6 “图层”面板中自动生成相应的文字图层

8.1.2 输入段落文字

输入段落文字指输入大段需要换行或分段的文字。点文字不会自动换行，可通过回车键使之进入下一行，而段落文字具备自动换行的功能。

使用框选输入的文字称为段落文字。点输入的文字和框选输入的文字内容最大的区别在于，是以用户所设置的区域为基准换行，还是用户按回车键换行。

先选择“横排文字工具”并拖拽鼠标，松开鼠标后就会建一个段落文字框。如果按住Alt键单击鼠标，会弹出一个“段落文字大小”对话框，如图8-1-7所示。在对话框中可以输入“宽度”和“高度”，单击“确定”按钮后就会自动创建一个指定大小的文字框，如图8-1-8所示。

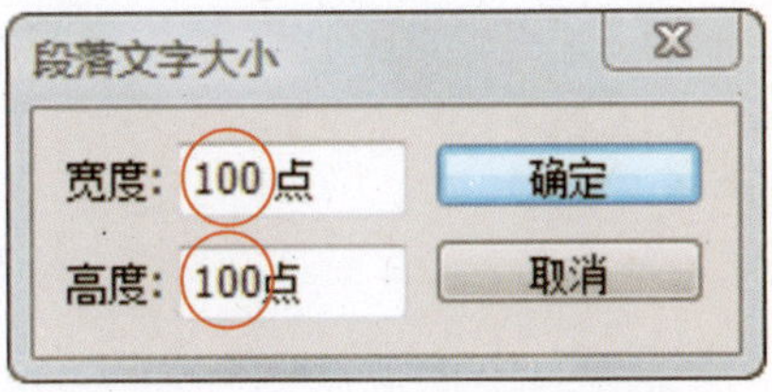

图8-1-7 “段落文字大小”对话框

新创建的文字框左上角会有闪动的文字输入光标，可以直接输入文字，也可以从其他软件中粘贴一些文字过来，如图8-1-9所示。

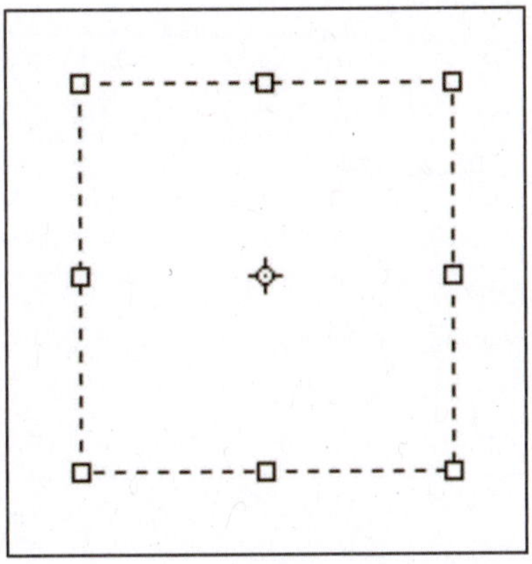

图8-1-8文字框效果

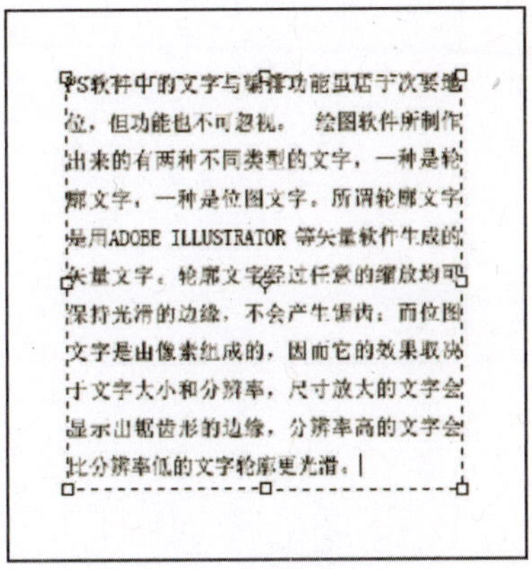

图8-1-9放入文字后效果

生成的段落文字框和执行“自由变换”命令的图像一样，有8个句柄可控制文字框的大小和旋转、透视、斜切等变换效果。图8-1-10所示是利用“自由变换”的方法对文字框进行旋转的效果。

点文字和段落文字在建立后可以互相转换。首先要在“图层”面板中选中要转换的文字图层，然后执行菜单栏中的“图层”>“文字”>“转化为点文字”命令或执行菜单栏中的“图层”>“文字”>“转化为段落文字”命令，如图8-1-11，即可实现相互转换。

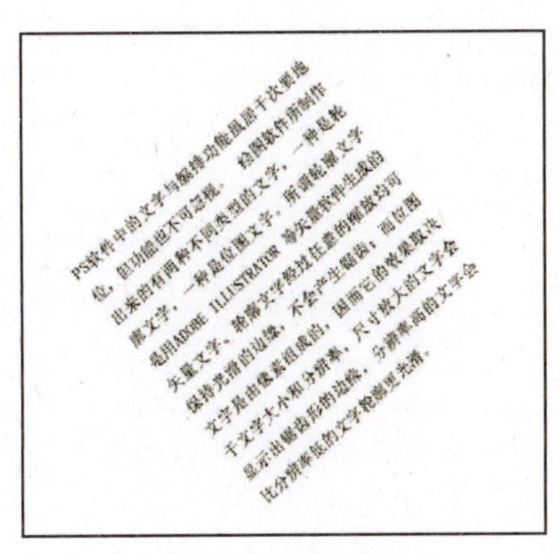

图8-1-10 文字框旋转后效果

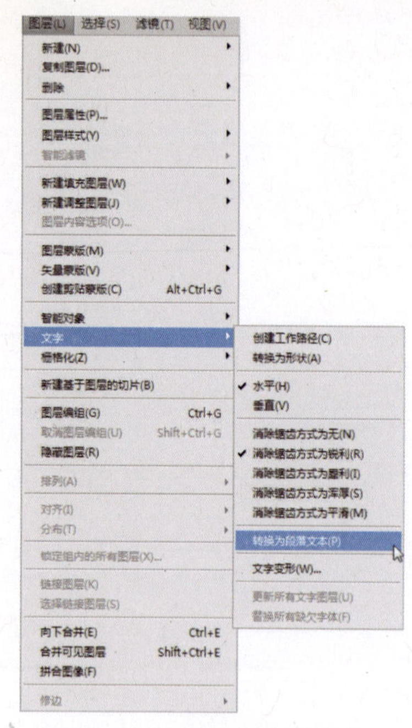

图8-1-11 转化为段落文字

8.1.3 沿路径输入文字

可以先绘制一条开放路径（或一个闭合路径），然后沿着该路径输入文本，具体方法如下。

选择“钢笔工具”绘制出一条曲线路径，如图8-1-12所示。

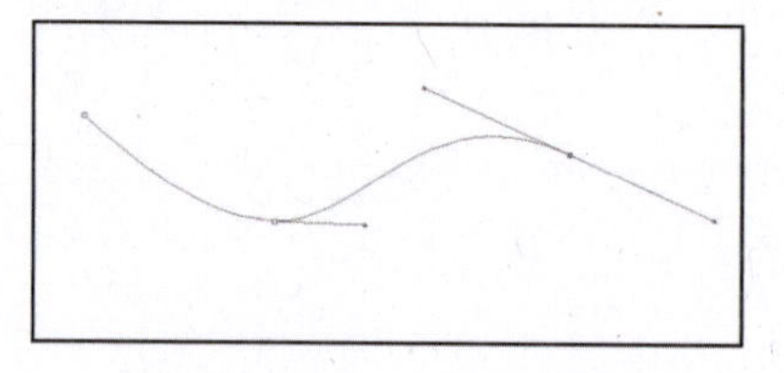

图8-1-12 绘制一条开放的路径

在“字符”面板中先设置字体等文字属性，然后选择“横排文字工具”（横排文字将与路径垂直，垂直文字将与路径平行），将输入光标置于路径上左侧端点位置，然后单击鼠标左键，这时路径上会出现一个插入光标。输入文字，文字会自动沿着曲线路径进行排列，如图8-1-13所示。

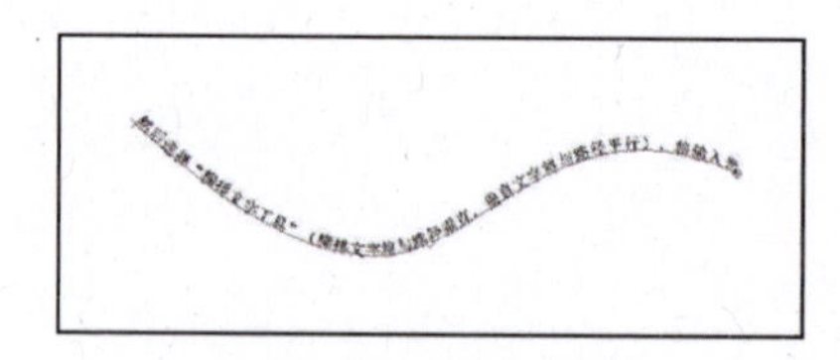

图8-1-13 文字按路径排列

如果绘制的是一个闭合路径，将光标置于路径边缘上可以沿路径编排文字，如图8-1-14所示；而如果将光标置于路径区域内部，则可以在闭合路径区域内输入文字，如图8-1-15所示。

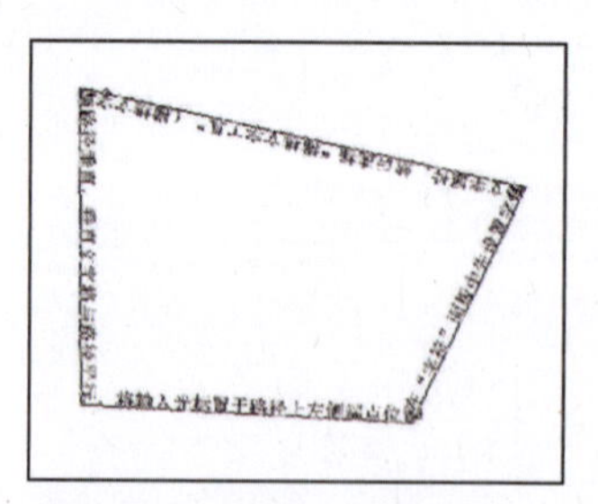

图8-1-14 在闭合路径边缘上输入文字效果

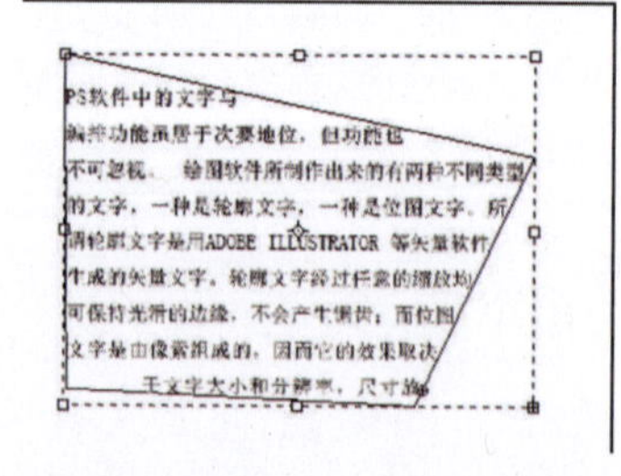

图8-1-15 在闭合路径区域内输入文字效果

8.2 文本与段落的编辑

Photoshop工具箱中有一组专门用来输入文字的工具，它们的具体功能如下。

8.2.1 “字符”面板

执行菜单栏中的“窗口”>“字符”命令，或者在文字工具属性栏中单击按钮，都可以调出“字符”面板，如图8-2-1所示。如果想要改变已经输入的文字属性，只要将文字选中，然后在“字符”面板中修改相应的参数即可。

确认文字输入后，依然可以在“横排文字工具”属性栏中重新设置文字字体、大小、颜色等，还可以使用移动工具移动文字位置。

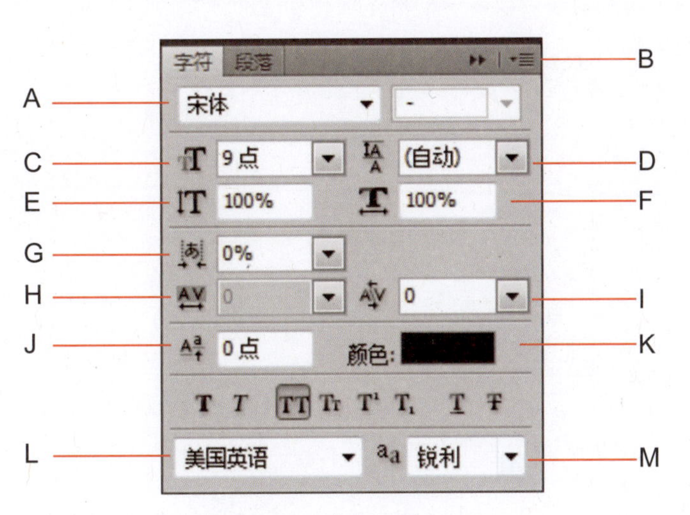

图8-2-1 “字符”面板

A.设定字体：显示当前所用字体。
B.设定字形：可设定粗体或斜体等字形。
C.字体大小：可设定字体的大小，以“点(Pt)”为单位。
D.行距：可在下拉列表框内输入数值，也可单击右侧小三角，在下拉列表中直接选择设定好的行距。
E / F.缩放比例：可改变文字宽度和高度的比例，制作长字或扁字。
G.调整比例间距：按指定的百分比值减少字符周围的空间，因此字符本身并不会被伸展或挤压。
H.字距调整：可输入数值或在下拉列表中选择字符间距的大小进行调整。
I.字距微调：可增加或减少特定字符之间的间距，而不是整体修改，将需要特定修改的字符选中，正值表示将字符间距拉大，负值表示将字符间距缩小，如图8-2-2所示。
J.基线位移：可使选择的文字上下移动，创建上标或下标，正值表示使文字上升，负值表示使文字下降，如图8-2-3所示。
K.颜色：可改变设定文字的颜色，但文字不能被填充渐变或图案，除非先将文字图层栅格化。
L.设定字典：可选择不同语种的字典。
M.消除锯齿，此命令包括“无”“锐化”“明晰”“强”和“平滑”5个选项。

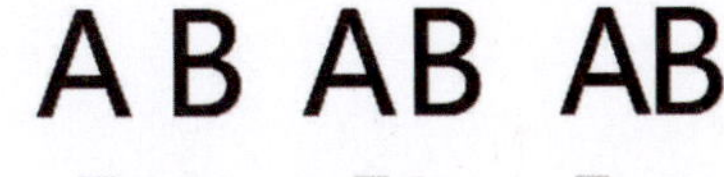

图8-2-2 文字字距微调效果对比

H_2O $5M^3$

图8-2-3 基线位移效果对比

“字符”面板下面的一排图标 T T TT Tr T¹ T₁ T T 所表示的内容从左到右的顺序分别为：伪粗体（通常是在字形中没有粗体的情况下，选择此项来模拟粗体的效果）、伪斜体、全部大写字母、小型大写字母、上标、下标、下划线以及删除线。

8.2.2 “段落”面板

执行“窗口”>“段落”命令或是在文字工具属性栏中单击按钮都可以调出“段落”面板，如图8-2-4所示。如果想要改变已经输入的段落文字属性，只要将文字选中，然后在“段落”面板中进行相应的参数修改即可。

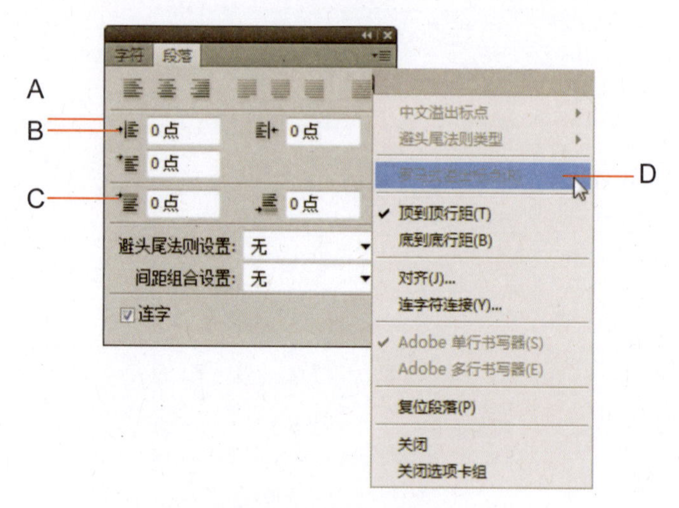

图8-2-4 “段落”面板

A、段落对齐：Photoshop中的“段落”面板可设定不同的段落排列方式，在面板中第一排图标 从左到右分别表示：齐左、居中/齐右、末行齐左、末行居中、末行其右、左右强制齐行。

B、段落缩进：用来指定文字与文字块边框之间的距离，或是首行缩进文字块的距离，缩进只影响选中的段落，因此可以很容易地为不同的段落设置不同的缩进。

左缩进：即从段落左端缩进。对于直排文字，该选项控制从段落顶端的缩进。

右缩进：即从段落右端缩进。对于直排文字，该选项控制从段落顶端的缩进。

首行缩进：即缩进段落文字的首行。对于横排文字，首行缩进与左缩进有关；对于直排文字，首行缩进与顶端缩进有关。若要设置悬挂缩进，在文本框中输入负值。

C、段前距和段后距：用来设定段落之间的距离。

D、指定悬挂标点：在“段落”面板右上角弹出菜单中执行“罗马式溢出标点”命令，悬挂标点控制标点符号出现在文字块内或文字块外。对于罗马字体，如果打开悬挂标点，则句号、逗号、单引号、双引号、省略号、连字符、长破折号、短破折号、冒号和分号等在某些情况下出现在文字块外。执行“罗马式溢出标点”命令时，选中范围内用于中文等的任何双字节标点符号都不悬挂。

8.3 文字的变形

对于文字图层中的文字可以通过“变形”操作进行不同程度的变形，如波浪形、弧形等。“变形”操作对文字图层上所有的字符有效，不能只对选中的字符执行弯曲变形。

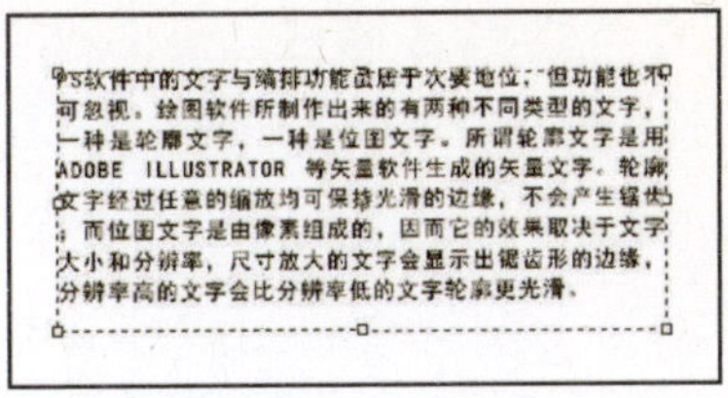

选择工具箱中的“横排文字工具”输入一些文字，如图8-3-1所示。在文字工具属性栏上单击“弯曲变形”按钮 ，弹出“变形文字”对话框，如图8-3-2所示。在该对话框中可以进行各种设定。“样式”下拉列表中列出了15种弯曲变形效果，此处选中“鱼眼”样式。

对话框中“水平”与“垂直”单选按钮用来设定弯曲的中心轴是水平或垂直方向；“弯曲”滑块用来设定文本的弯曲程度，数值越大，文字弯曲程度也越大；“水平扭曲”滑块用来设定文本在水平方向产生扭曲变形的程度；“垂直扭曲”滑块用来设定文本在垂直方向产生扭曲变形的程度。设定完成后，单击“确定”按钮，文字沿扇形弯曲效果如图8-3-3所示。

图8-3-1 原始文字

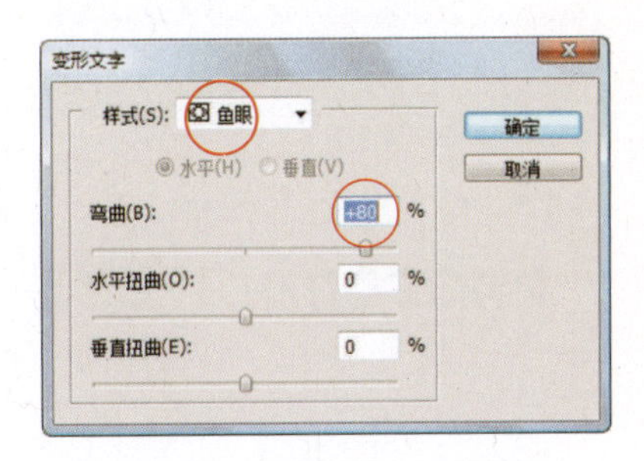

图8-3-2 “变形文字”对话框

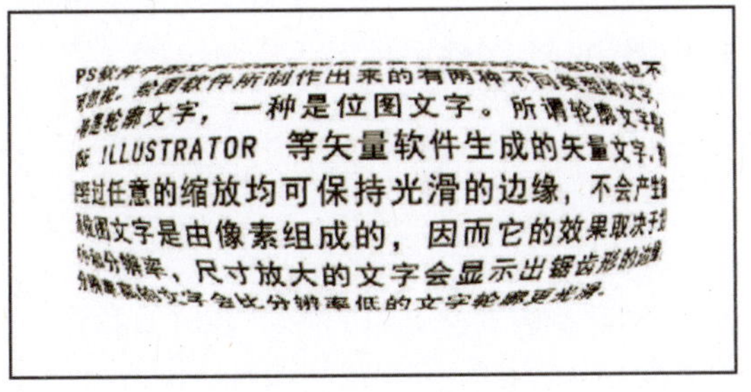

图8-3-3 “鱼眼”样式效果

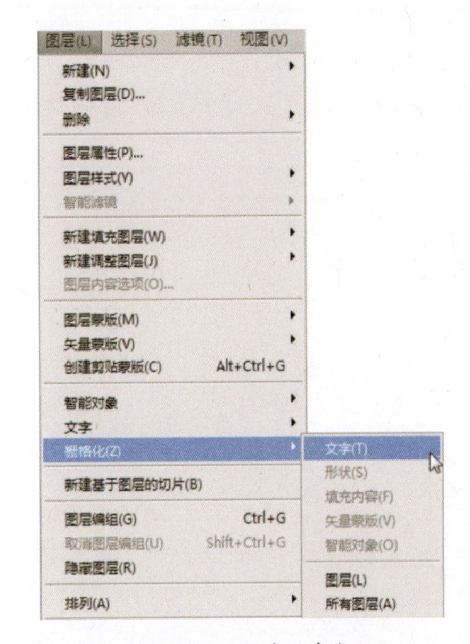

图8-4-1 “文字”命令

8.4 文字的转换

8.4.1 文字转换

执行菜单栏中的“图层”>“栅格化”>“文字”命令，如图8-4-1，可看到“图层”面板中文字图层缩览图上的“T”字母消失了，文字图层变成了普通的像素图层；此时图层上的文字就完全变成了像素信息，不能再进行文字的编辑，如图8-4-2，但可以执行所有图像可执行的命令（例如各种滤镜效果）。

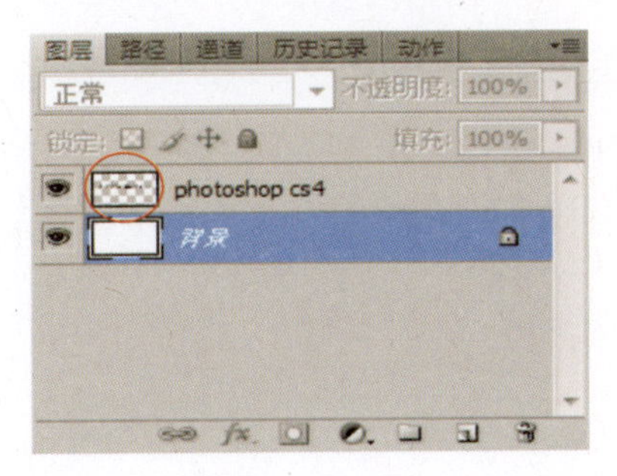

图8-4-2 文字图层变成了普通的像素图层

图层
路径
通道
历史记录
动作
工作路径

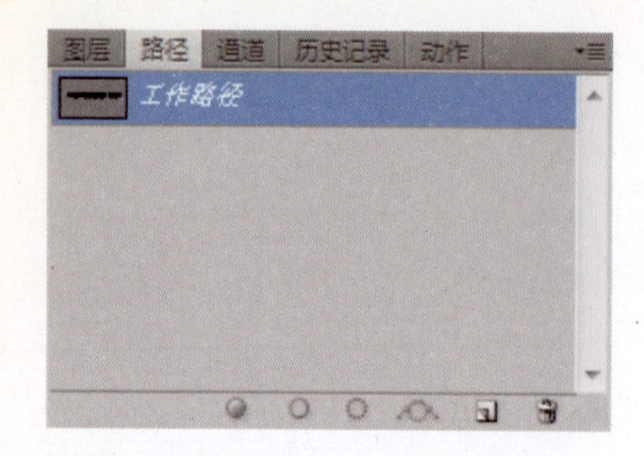

图8-4-3 根据文字图层创建的工作路径

PHOTOSHOP CS4

图8-4-4 文字图层转换为工作路径

PHOTOSHOP CS4

图8-4-5 添加图层样式的文字效果

8.4.2 文字图层转换为工作路径

在“图层”面板中选中文字图层，执行菜单栏中的“图层”>“文字”>“创建工作路径”命令，可以看到文字上出现路径显示，在“路径”面板中同时出现了一个根据文字图层创建的工作路径，如图8-4-3所示，用路径选择工具选择后效果如图8-4-4所示。

8.4.3 文字图层效果

文字图层和其他图层一样可以执行“图层样式”中定义的各种效果，也可以使用“样式”面板中存储的各种样式。而这些效果在文字进行像素化或矢量化以后仍然保留，并不受影响。图8-4-5所示的是执行一些图层样式后的文字效果。

【课题训练】

8.5 邮戳效果制作

step1 新建文件。按Ctrl+N组合键，新建一个白色背景的文件。

step2 绘制正圆路径。新建“图层1”，执行工具箱中的“椭圆工具”按钮，按住Shift键的同时，在图像中拖曳鼠标绘制一个正圆路径，效果如图8-5-1所示。

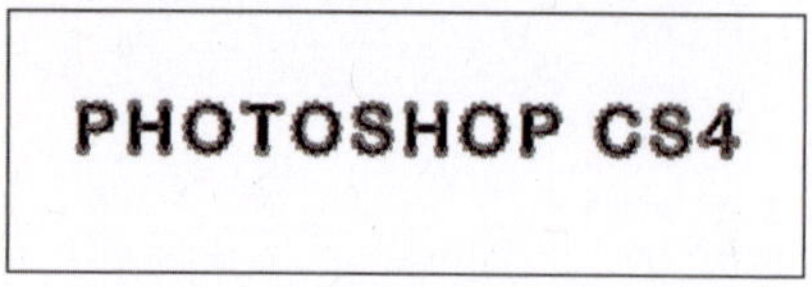

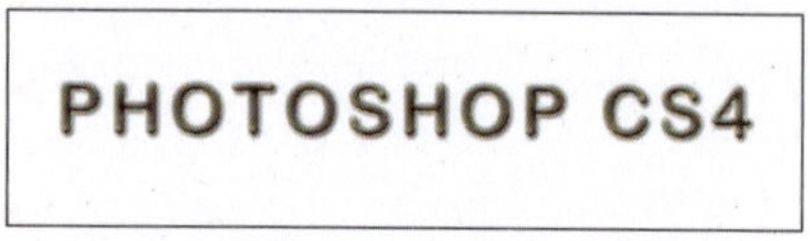

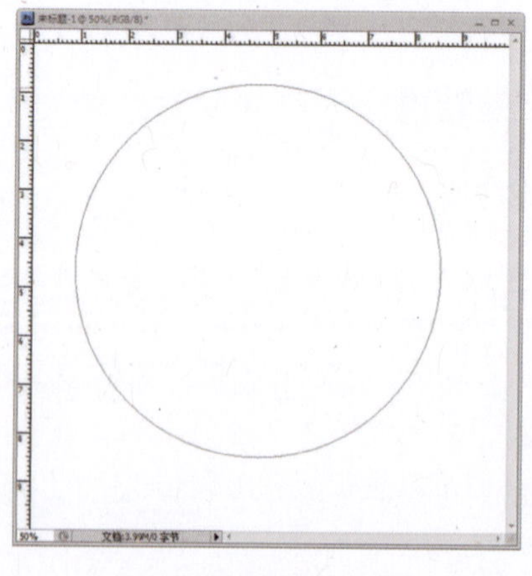

图8-5-1 绘制的正圆路径

step3 复制路径。使用"路径选择工具"，选择绘制的正圆路径，按住Alt键的同时拖曳鼠标复制正圆路径，如图8-5-2所示。

step4 等比例缩小路径。按Ctrl+T组合键，运用自由变换路径操作等比例缩小复制的路径，放置在如图8-5-3所示的位置。

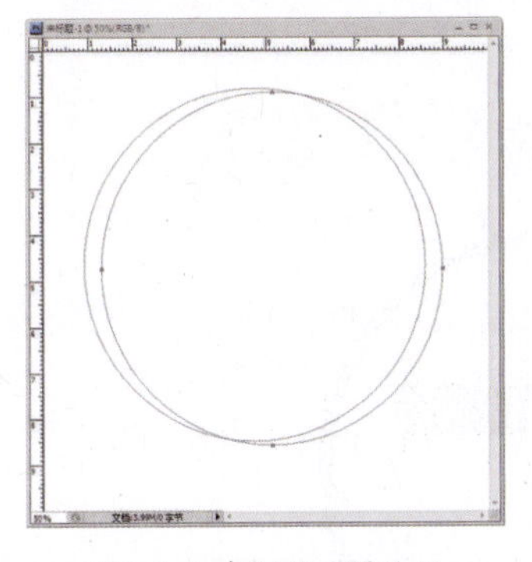

图8-5-2 复制的正圆路径

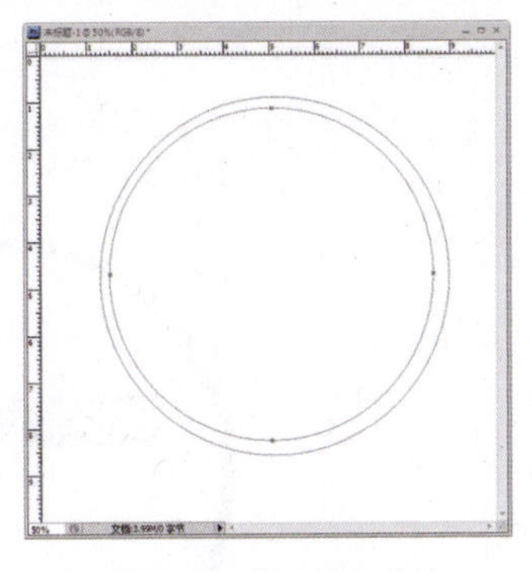

图8-5-3 等比缩小路径

step5 对齐并运算路径。确认路径缩小操作，再次使用"路径选择工具"框选图像中的所有路径，依次单击"路径选择工具"属性栏中的"水平中心对齐"和"垂直中心对齐"按钮，对齐选择的正圆路径。单击"重叠形状区域除外"按钮，再单击组合按钮，结果只剩下两个正圆没有相交的部分。

step6 填充路径。设置工具箱中的前景色为黑色，单击"路径"控制面板下方的按钮，如图8-5-4所示，使用前景色填充路径，效果如图8-5-5所示。

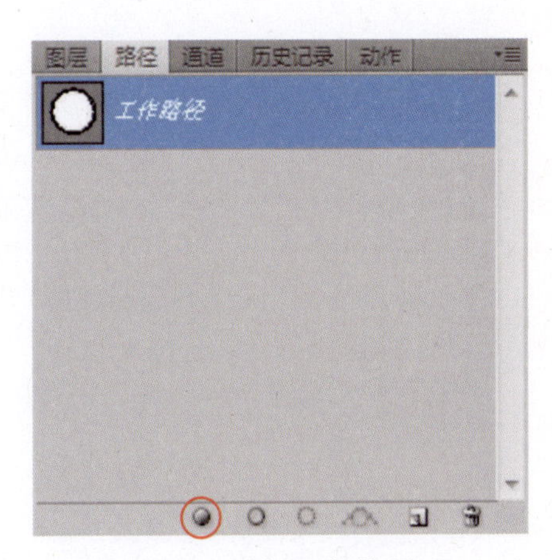

图8-5-4 "路径"控制面板

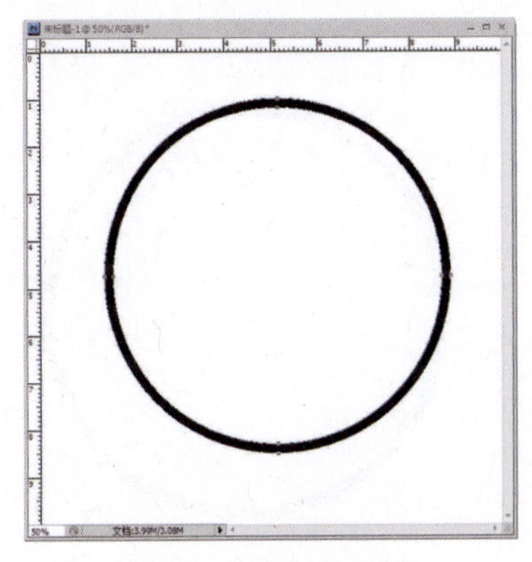

图8-5-5 填充后的路径

step7 设置字符面板选项。按Ctrl+H组合键，隐藏工作路径。单击“横排文字工具”属性栏中的按钮，在“字符”面板中设置各个选项，如图8-5-6所示。

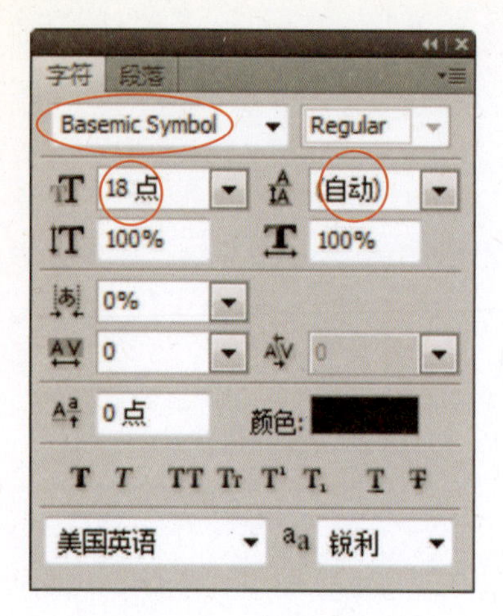

图8-5-6 “字符”面板

step8 输入文字。把鼠标放置在图像中单击，输入“PONY EXPRESS”字样，效果如图8-5-7所示。

图8-5-7 输入文字

step9 变形文字。单击“横排文字工具”属性栏中的按钮，在弹出的“变形文字”对话框中设置各项参数，如图8-5-8所示。确认文字变形操作，将变形后的文字移动到如图8-5-9所示的位置。

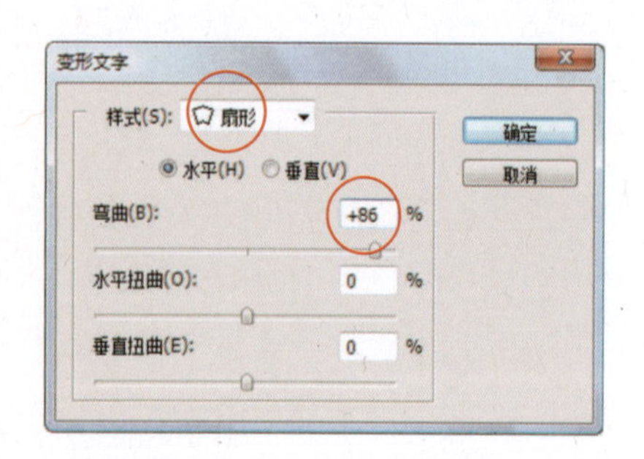

图8-5-8 “变形文字”对话框

图8-5-9 文字变形后效果

step10 编辑其他变形文字效果。依照前面讲述的方法输入“ST.GOSEPH”字样并编辑变形效果，相关设置参照图8-5-10。最后输入日期，如图8-5-11所示。

step11 合并图层。在“图层”面板中，选择“图层1"及所有文字层合并生成新的“图层1”。

step12 编辑油墨效果。执行菜单栏中的“滤镜”>“其他”>“最大”命令，在弹出的对话框中设置“半径”为“1”，如图8-5-12，确认后图像出现类似邮戳的印墨效果。若将该层的合成模式设置为“溶解”方式，效果更加真实，如图8-5-13所示。

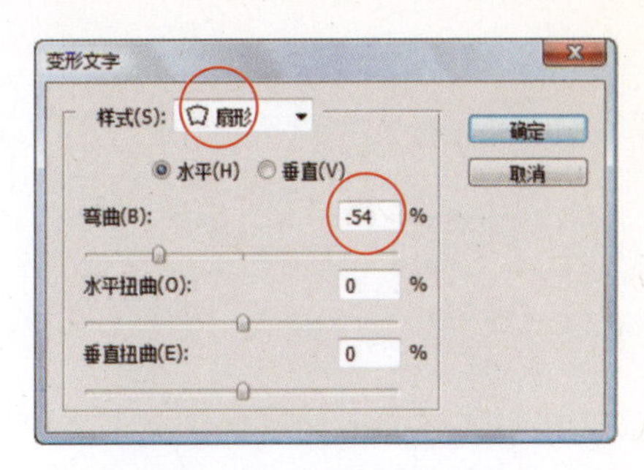

图8-5-10 “变形文字”对话框

图8-5-11 编辑其他文字

图8-5-12 “最大值”对话框

图8-5-13 邮戳效果

step13 绘制黑色曲线。新建“图层2”，用“钢笔工具”在图像中绘制三条曲线，并描绘成黑色，如图8-5-14所示。

图8-5-14 邮戳效果

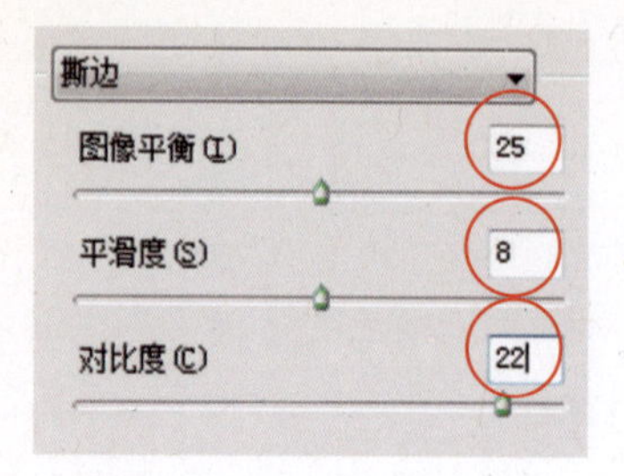

图8-5-15 “撕边”选项设置

step14 设置撕边选项。设置背景色为白色，执行菜单栏中的“滤镜”>“素描”>“撕边”命令，在弹出的对话框中设置各个选项，如图8-5-15所示。

step15 完成最终效果。单击对话框中的 确定 按钮，三条曲线也出现了类似印墨的效果，这是第二种制作印章油墨的方法。至此，邮戳实例制作完成，最终效果如图8-5-16所示。

图8-5-16 最终效果

【总结归纳】

在图像设计过程中，有时需要对文字添加一些特效来表现特殊的质感，有时也需要通过扭曲文字来表达独特的创意。如果要实现这些效果，首先要掌握文字最基本的输入方法，并对文字字体、字号、间距、行距等进行设置，然后要掌握文字的变形操作。只有把这些知识熟练掌握，才能创作出更精彩的文字效果。

第9章 图像的修复与合成

—终极功法：乾坤大挪移

Photoshop具有强大的图像修复和合成功能，可用到的工具包括：仿制图章、图案图章、污点修复画笔、修复画笔、修补等工具，可以使用它们来修复和修饰图像细节，完成精彩的视觉效果。

【知识阐述】

9.1 图像修复工具

图像修复工具主要用来修复图像中的污点、划痕、破损以及多余的部分等。

9.1.1 仿制图章工具

使用“仿制图章工具”可准确复制图像的一部分从而产生某部分或全部的备份，它是修补图像时常用的工具。例如，若图像有折痕，可用此工具选择折痕附近颜色相近的像素点来进行修复。

两张图像的颜色必须一样才可以，可以从任何一幅打开的图片上取样后复制到另一幅图像上。

下面介绍“仿制图章工具”的具体使用方法。

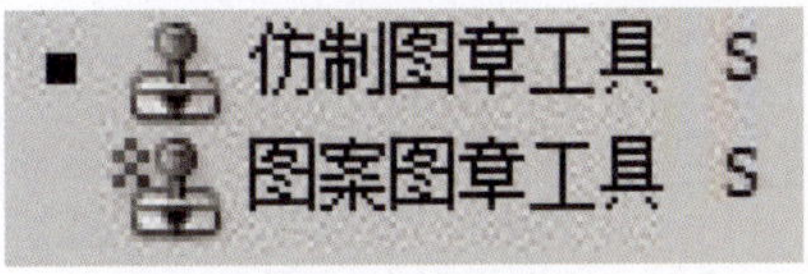

打开本书配套光盘“第九章”中的“卡通造型.jpg”图像，选中工具箱中的“仿制图章工具”，如图9-1-1所示。在工具属性栏中选择一个软边且大小适中的画笔，然后按住Alt键，单击鼠标确定取样的源点。

仿制图章工具 S
图案图章工具 S

图9-1-1 图章工具组

松开Alt键，将鼠标移到图像中另外的位置，当按下鼠标键时，会有一个十字形符号表明取样复制的位置，如图9-1-2所示；拖曳鼠标就会将取样位置的图像复制到新的位置，如图9-1-3所示。

图9-1-2 图像取样

图9-1-3 复制取样的图像

"仿制图章工具"不仅可以在一幅图像上操作，还可以从任何一幅打开的图像上取样后复制到另一幅图像上。

在仿制图章属性栏中有一个"对齐"选项，如图9-1-4所示，这一选项在修复图像时非常有用。因为在复制过程中可能需要经常停下来，以更改仿制图章工具的大小和软硬程度，然后继续操作，因而复制会终止很多次；但如果启用"对齐"复选框，下一次的复制位置会和上次的完全相同，图像的复制不会发生错位。

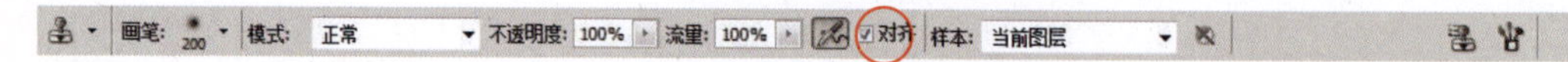

图9-1-4 对齐选项

9.1.2 图案图章工具

使用"图案图章工具"可将各种图案填充到图像中。"图案图章工具"的属性栏如图9-1-5所示，和前面所讲的"仿制图章工具"的设定项相似。不同的是"图案图章工具"直接以图案进行填充，不需要按住Alt键进行取样。

图9-1-5 "图案图章工具"属性栏

下面来制作一种典型的黑白格图案，先来制作黑白格图案单元，具体操作步骤如下。

将工具箱中的前景色设置为黑色，然后选择工具箱中的"矩形工具"，在其属性栏中单击"填充像素"按钮。接着按住Shift键拖动鼠标，绘制出一个黑色正方形。接下来，将这个正方形复制一份，摆在图9-1-6所示位置。

图9-1-6绘制两个正方形

选择工具箱中的"矩形选框工具"，羽化值要设为0。拖动鼠标，得到一个图9-1-7所示的正方形选区，这就是形成黑白格图案的一个基本图形单元。

图9-1-7黑白格单元

下面来定义和填充黑白格图案。执行菜单栏中的“编辑”>“定义图案”命令，先打开图9-1-8所示的“图案名称”对话框，在“名称”文本框内输入“黑白格”，单击“确定”按钮，使其存储为一个新的图案单元，如图9-1-9所示。

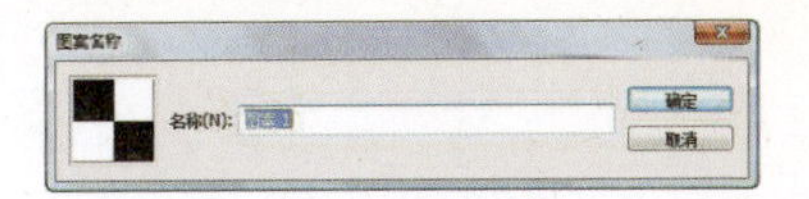

图9-1-8保存图案单元

应用“图案图章工具”可以将自定义的图案应用到另一幅图像中，效果如图9-1-10所示。

图9-1-9保存后的图案单元

另一种填充图案的方法：按快捷键Ctrl+A选中全图，然后执行菜单栏中的“编辑”>“填充”命令，在对话框中的“自定图案”弹出式列表中选择刚才定义的图案单元，如图9-1-11所示。单击“确定”按钮。

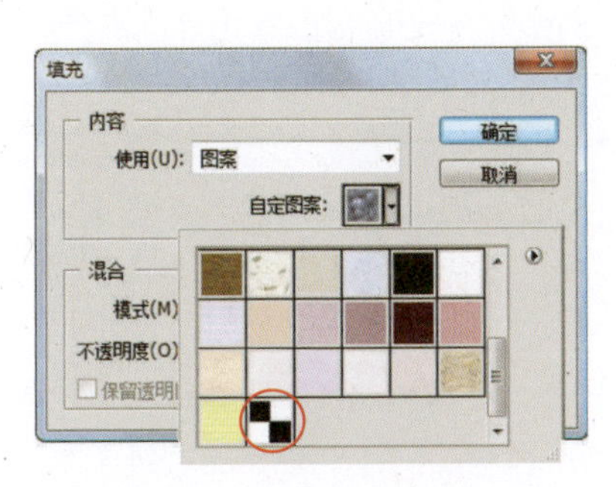

图9-1-11 “填充”对话框

图9-1-10保存后的图案单元

9.1.3 污点修复画笔工具（图9-1-12为修复工具组）

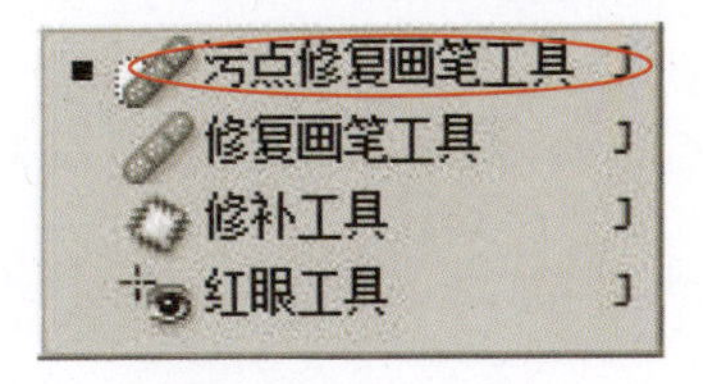

图9-1-12修复工具组

“污点修复画笔工具”可以快速消除图像中的污点和其它不理想的部分。“污点修复画笔工具”使用图像或图案中的样本进行复制，并将样本的纹理、光照、透明度和阴影与所修复的像素相匹配。（图9-1-13为“污点修复画笔工具”属性栏）污点修复画笔不需要指定样本点，在图像上单击，它会在需要修复区域外的图像周围自动取样。如图9-1-14所示，利用“污点修复画笔工具”可快速将人像上的脏点和斑点修复，完成效果如图9-1-15所示。

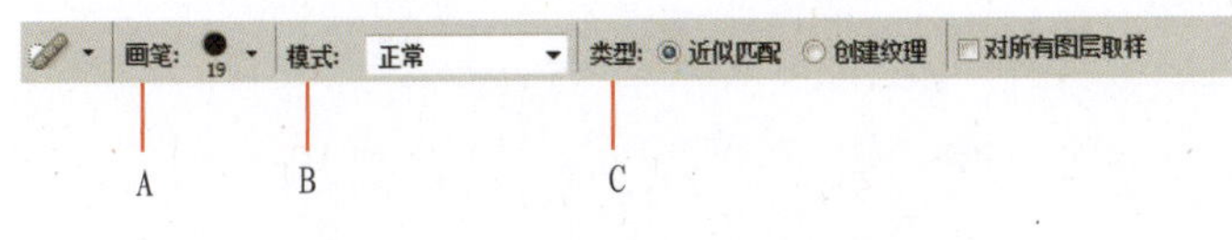

图9-1-13 “污点修复画笔工具”属性栏

属性栏内的主要参数如下。

A.画笔：弹出面板中选择画笔的大小和形状。

B.模式：后面的下拉列表中选择自动修复的像素和底图的混合方式。

C.类型：后面有两个选项，当选择“近似匹配”时，自动修复的像素可以获得较平滑的修复结果；当选择“创建纹理”时，自动修复的像素将会以修复区域周围的纹理填充修复结果。

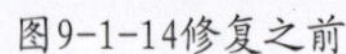

图9-1-14修复之前

图9-1-15修复之后

9.1.4 修复画笔工具

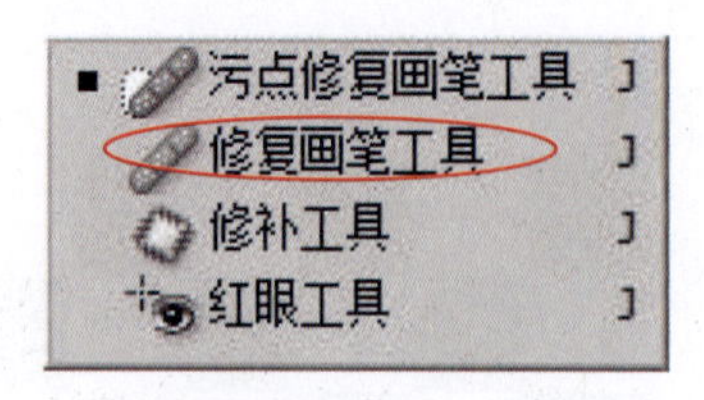

图9-1-16修复工具组

"修复画笔工具"用于修复图像中的缺陷，如图9-1-16所示，并能使修复的结果自然融入周围的图像。和"仿制图章工具"类似，"修复画笔工具"也从图像中取样然后复制到其他部位，或直接用图案进行填充。但不同的是，"修复画笔工具"在复制或填充图案的时候，会将取样点的像素信息自然融入到复制的图像位置，并保持其纹理、亮度和层次，从而令被修复的像素和周围的图像完美结合。

"修复画笔工具"的属性栏如图9-1-17所示，各选项详细介绍如下。

A、画笔：此选项的弹出面板中只能选择圆形画笔，能调节画笔的粗细、硬度、间距、角度和圆度的数值。

B、模式：在下拉列表中选择复制或填充的像素与底图的混合模式。

C、源：在其后有两个选项，当启用"取样"单选按钮时，和仿制图章工具相似，先按住Alt键确定取样，然后松开Alt键，将鼠标移到要复制的位置，单击鼠标左键或拖曳鼠标；当启用"图案"单选按钮时，和图案图章工具相似，可在弹出的面板中选择不同的图案或自定义图案进行图像填充。

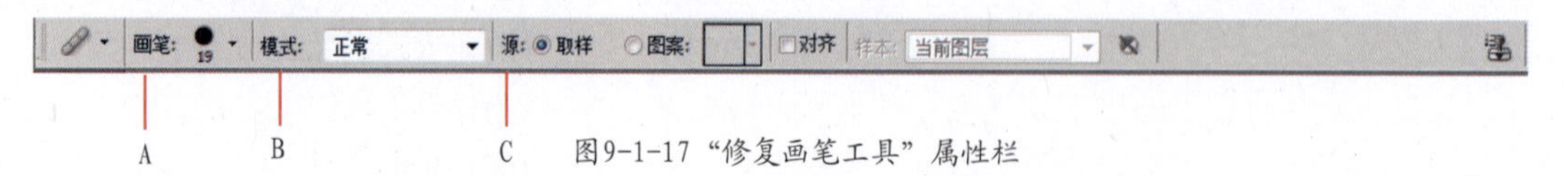

图9-1-17 "修复画笔工具"属性栏

应用Photoshop中修复工具进行修复之后可执行"滤镜">"杂色">"添加杂色"命令，在图中增加少量的杂色点，这样可以为图片增加真实的胶片颗粒效果，同时利用杂色掩饰修复痕。

下面用"修复画笔工具"来去除人物脸部的斑点。

首先打开本书配套光盘"第九章"中的"人物.jpg"图像，然后选择"修复画笔工具"，按住Alt键，在人物面部单击取样，如图9-1-18所示。取样的图像就自动被复制到斑点处，达到修复图像的效果。反复取样与复制，完成的效果如图9-1-19所示。

图9-1-18修复之前

图9-1-19修复之后效果

9.1.5 修补工具

使用“修补工具”可以从图像的其他区域或使用图案来修补当前选中的区域，它与“修复画笔工具”的相同之处是修复的同时也保留原来的纹理、亮度及层次等信息。图9-1-20所示为“修补工具”的属性栏。

图9-1-20 “修补工具”属性栏

图9-1-21选中景物

下面应用“修补工具”将图中的景物去除。

首先要确定修补的选区，可以直接使用“修补工具”在图像上拖曳形成任意形状的选区，也可采用其他的选取工具进行选区的创建，尽量选择较小的区域，这样修补效果会好一些。将图9-1-21所示右边的景物用“修补工具”圈选起来。

图9-1-22移动选区

在属性栏中启用“源”单选按钮，然后将其拖曳到图9-1-22所示的区域。松开鼠标，原来圈选的区域内容就被移动到的区域内容取代了，如图9-1-23所示。

如果启用“修补工具”属性栏中的“目标”单选按钮时，修补的操作和启用“源”单选按钮不同。图9-1-24中同样先用“修补工具”确定选区，然后将此区域拖曳到要修复的区域，如图9-1-25所示，结果如图9-1-26所示。

图9-1-23修复完成

图9-1-24选中景物

图9-1-25移动选区

图9-1-26修复完成

在使用任何一种选择工具创建完选区后(可以给选区设定一定的羽化值)，“修补工具”属性栏中的“使用图案”按钮就变成可选项。在弹出的“图案”面板中选择图案，然后单击“使用图案”按钮，图像中的选区就会被填充上所选择的图案。

9.1.4 红眼工具

“红眼工具”可以移去闪光灯拍摄的人物照片中的红眼，也可以移去用闪光灯拍摄的动物照片中的白色或绿色反光。具体使用方法如下。

打开需要修改的图像，在工具箱中选择“红眼工具”，在需要修复红眼的图像处拖曳(如果不满意可以使用Ctrl+Z快捷键进行撤销），即可去除红眼。

调整工具属性栏中的“瞳孔大小”和“变暗量”的数值大小，再次使用“红眼工具”修复红眼，直到效果满意为止。

9.2 图像变形

利用菜单栏中的“编辑”>“变换”命令和“自由变换”命令可以对整个图层、图层中选中的部分区域、多个图层、图层蒙版，以及路径、矢量图形、选择范围和Alpha通道等进行缩放、旋转、斜切和透视操作。

9.2.1 变换对象

针对不同的操作对象执行“编辑”>“变换”命令，需要进行相应的选择。

如果是针对整个图层，在“图层”面板中选择此图层，无需再做其他的选择；对于背景层，不可以直接执行变换操作，需要将其先转换为普通图层。

如果是针对图层中的部分区域，在“图层”面板中选中此图层，然后用选框工具选中要变换的区域。

如果是针对多个图层，在“图层”面板中将多个图层链接起来。

如果是针对图层蒙版或矢量蒙版，在“图层”面板中将蒙版和图层之间的链接取消。

如果是针对路径或矢量图形，使用“路径选择工具”将整个路径选中或用“直接选择工具”选择路径片段。如果只选择了路径上的一个或几个节点，则只有和选中的节点相连接的路径片段被变换。

如果是针对选区进行变换，需执行菜单栏中的“选择”>“变换选区”命令。

如果是针对Alpha通道执行变换，在“通道”面板中选择相应的Alpha通道即可。

9.2.2 设定变换的参考点

执行所有变换操作时都要以一个固定点位作为参考，根据内定情况，这个参考点选择物体的中心点。图9-2-1所示是一个有透明区域的图层，在“图层”面板中选中此图层，然后执行“编辑”>“变换”>“缩放”命令，可看到图像四周出现一个矩形变形框，四周有8个控制手柄来控制变形，矩形框的中心有一个标识用来表示缩放或旋转的中心参考点。

图9-2-1 变形框示意图

在属性栏中用鼠标单击“变形”图标上不同的点，可以改变参考点的位置。图标上的各个点和矩形变形框上的各个点一一对应，也可用鼠标直接拖曳中心参考点到任意位置。

9.2.3 变换操作

在菜单“编辑”>“变换”菜单的子菜单中有一系列变换命令，可根据需要选择其中一种或多种变换命令（如图9-2-2所示）。

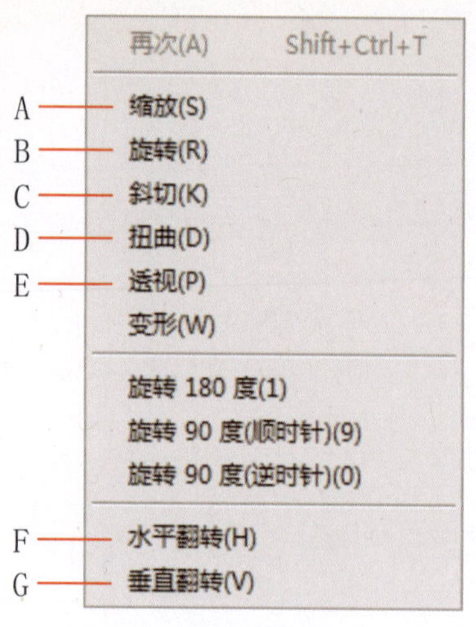

图9-2-2 “变换”菜单栏

A.缩放：执行“编辑”>“变换”>“缩放”命令后，可通过拖动矩形框边角的4个手柄来进行图像的放大或缩小变换，如图9-2-3所示。

B.旋转：执行“编辑”>“变换”>“旋转”命令后，当鼠标移到边角手柄位置时会变成弯曲的双箭头形状，此时移动鼠标便可进行图像的自由旋转，如图9-2-4所示。

图9-2-3 “缩放”命令效果

图9-2-4 “旋转”命令效果

C.斜切：执行“编辑”>“变换”>“斜切”命令后，应用鼠标拖动控制框边角的控制手柄，便可将图像的一角沿着边线水平缩放；而如果应用鼠标拖动控制框中间的控制手柄，可以使图像形成平行四边形变换，如图9-2-5所示。

图9-2-5 “斜切”命令效果

D.扭曲：执行“编辑”>“变换”>“扭曲”命令后，可对图像的任意一角进行随意的扭曲变形，如图9-2-6所示。

图9-2-6 “扭曲”命令效果

图9-2-7 “透视”命令效果

E、透视：执行“编辑”>“变换”>“透视”命令后，可以使图像形成透视的效果，如图9-2-7所示。

F、水平翻转：执行“编辑”>“变换”>“水平翻转”命令，可编辑图像水平镜像效果。

G、垂直翻转：执行“编辑”>“变换”>“垂直翻转”命令，可编辑图像垂直镜像效果。

另外，执行“编辑”>“自由变换”命令可一次完成“变换”子菜单中的所有操作，在实际操作过程中，有以下一些操作技巧。

拖曳矩形变形框上任何一个手柄，按 Shift键可以等比例缩放。

在“自由变换”属性栏中的W和H文本框中输入数值，W和H之间的链接符号表示锁定比例，可以按数值进行缩放。

拖曳矩形变形框上边角任意手柄进行旋转时，按住Shift键以保证每次旋转以150°递增。

按住Alt键时拖曳手柄可对图像进行扭曲操作，按住Ctrl键时拖曳把手可对图像进行自由扭曲操作。

按住Ctrl+Shift键时施曳边框手柄可对图像进行“斜切”操作。

按住Ctrl+Shift+Alt键, 拖曳边框手柄可对图形进行“透视”操作。

执行“变换”命令的时候按住Alt键可复制图像。

按Enter键完成变换操作，若要取消按Esc键。

9.2.4 图像变形操作

对于图层中的图像或路径可以通过“变形”命令进行不同形状的变形，如波浪、弧形等，可以对整个图层进行变形，也可以只是对选区内的内容进行变形。在对图层进行变形时，执行菜单栏中的“编辑”>“变换”>“变形”命令即可；对形状图层或路径变形时，执行菜单栏中的“编辑”>“变换路径”>“变形”命令。

图9-2-8 “透视”命令效果

打开本书配套光盘“第九章”中的“卡通造型-熊.jpg”图像，执行菜单栏中的“图层”>“背景图层”命令，将背景图层转换为普通图层；执行菜单栏中的“编辑”>“变换”>“变形”命令，在图层上将出现“九宫格”的形状，如图9-2-8所示。

使用鼠标拖曳移动“九宫格”变形框中的网格，可以随意编辑图像的扭曲效果，如图9-2-9所示，按Enter键完成变换操作。

图9-2-9 “透视”命令效果

若是在变形的工具属性栏中单击“变形”选项，可弹出图9-2-10所示的下拉列表，在下拉列表中可选择规则变形的种类，如选“鱼眼”选项，得到图9-2-11所示的效果，也可以在变形工具属性栏中使用数值进行设定。

Photoshop提供了15种变形样式，读者可以一一尝试。

图9-2-11 “鱼眼”命令效果

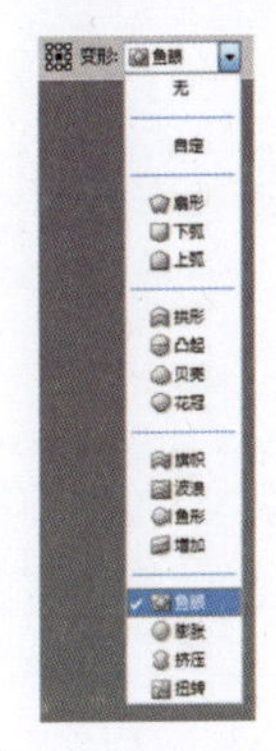

图9-2-10 “变形”下拉列表

【课题训练】

9.3 保护水资源公益广告制作

9.3.1 课题说明

本课题将运用有关图层样式、图形变形等命令，并结合我们前面学过的选区知识制作一个具有水滴质感的公益广告。如图9-3-1所示。

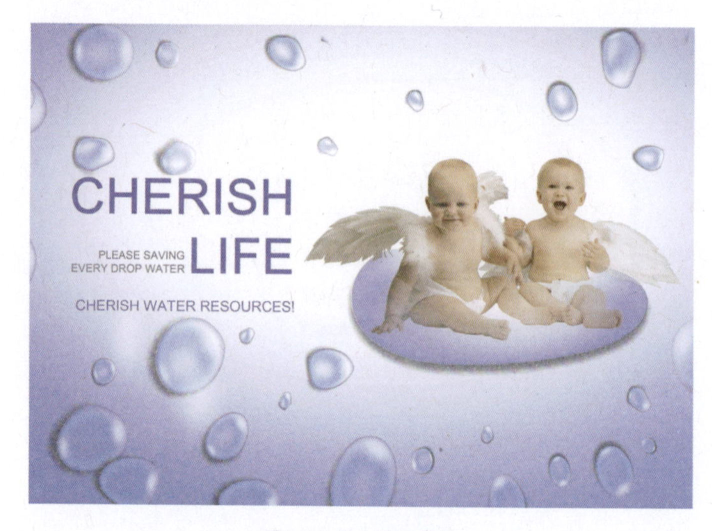

图9-3-1广告最终效果

9.3.2 课题引导

水滴是平面设计作品中比较常用的肌理效果，但通常水滴不太容易拍摄，或者拍摄出来进行后期添加。本节选择的案例是一则普通的公益广告，应用密布全图的水滴来强化广告的主题。

以下分步骤讲解：

step 1 首先，执行菜单栏中的“文件”>“新建”命令，在弹出的对话框中设置如图9-3-2所示(非实际尺寸，由于海报实际尺寸较大，此处练习相应地进行了尺寸缩减），将“名称”设为“水滴公益广告”。最后，单击“确定”按钮。

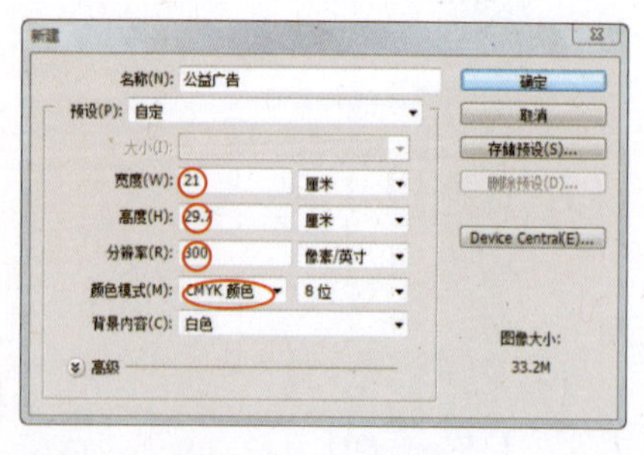

图9-3-2 新建文件

step 2 填充背景色。首先，在“图层”面板中新建一个图层，命名为“蓝色晕染层”，如图9-3-3所示。然后选择工具箱中的◯“椭圆选框工具”，并在其属性栏中设置参数，如图9-3-4所示。预设较大的羽化值，在画面中绘制一个面积较大的椭圆选区，如图9-3-5所示。接着按快捷键Shift+Ctrl+I反转选区，如图9-3-6所示。将工具箱中的前景色设置为深蓝色(参考色值为：C65M45Y5K0)，按快捷键Alt+Delete填充选区，效果如图9-3-7所示。

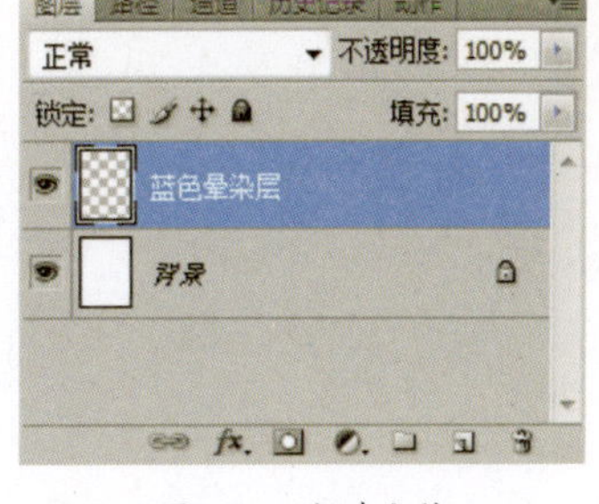

图9-3-3 新建文件

图9-3-4设置“椭圆选框工具”参数

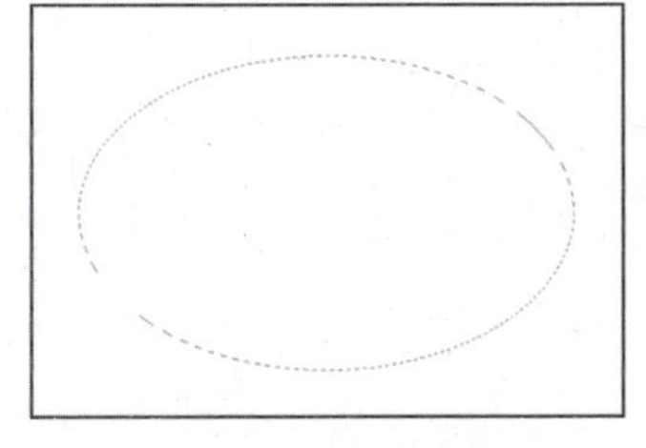

图9-3-5创建椭圆选区

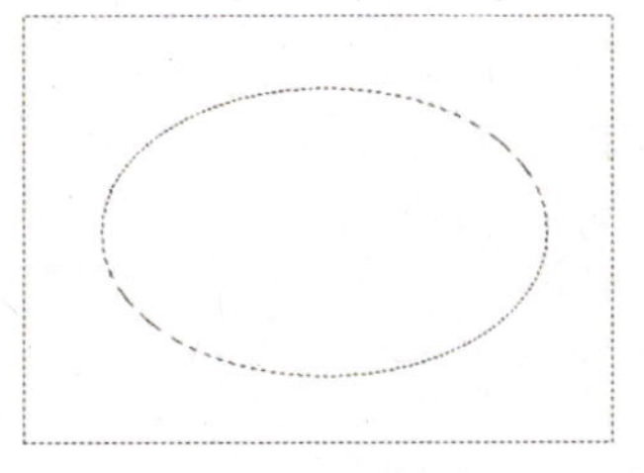

图9-3-6选区反选

图9-3-7填充深蓝色

step3 此时色彩过于浓重，因此在“图层”面板中调整“蓝色晕染层”图层的“不透明度”为80%，如图9-3-8所示。大面积的背景颜色形成比较柔和自然的过渡效果，进一步调节背景颜色的位置，为下一步主题形象的出现打好基础，如图9-3-9所示。

图9-3-8调整图层透明度

图9-3-9调整透明度后效果

step4 较大水滴的绘制。首先，在“图层”面板中新建一个图层，命名为“大水滴”，如图9-3-10所示。选择工具箱中的 “套索工具”在画面的中部绘制一个不规则形状

图9-3-10新建“大水滴”图层

的选区，然后选择工具箱中的 “渐变工具”，在其属性栏中选择“径向渐变”样式，在弹出的“渐变编辑器”对话框中设置一种“白色—浅蓝色”的渐变，如图9-3-11所示。其中浅蓝色参考色值为：C40、M25、Y0、K0。接下来在选区内填充“径向渐变”，如图9-3-12所示。

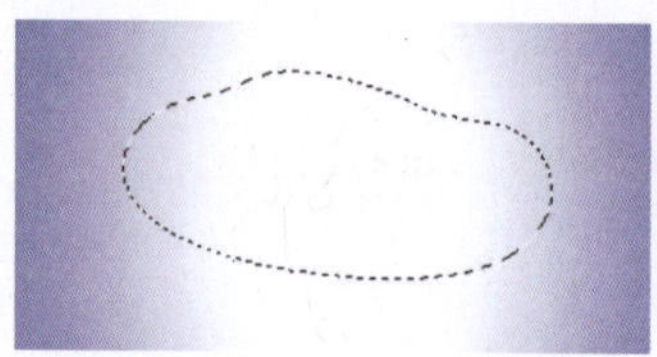

图9-3-11调整透明度后效果

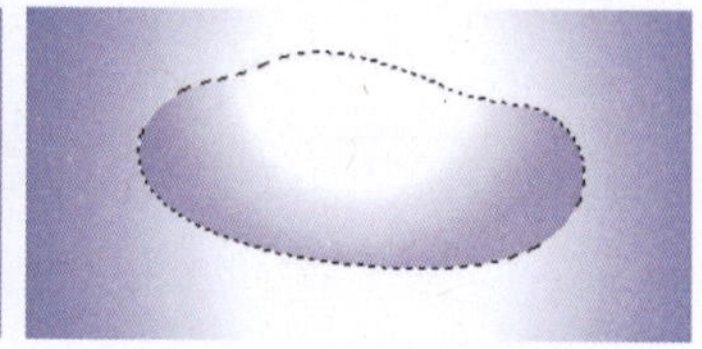

图9-3-12调整透明度后效果

step 5 下面给大水滴添加几个图层样式，首先添加投影。具体参数参照图9-3-13，大水滴下方出现了一层浅色投影，效果如图9-3-14所示。

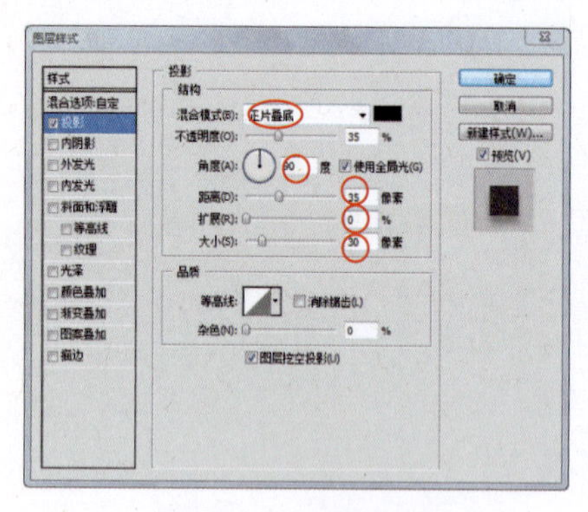

图9-3-13 “投影” 参数

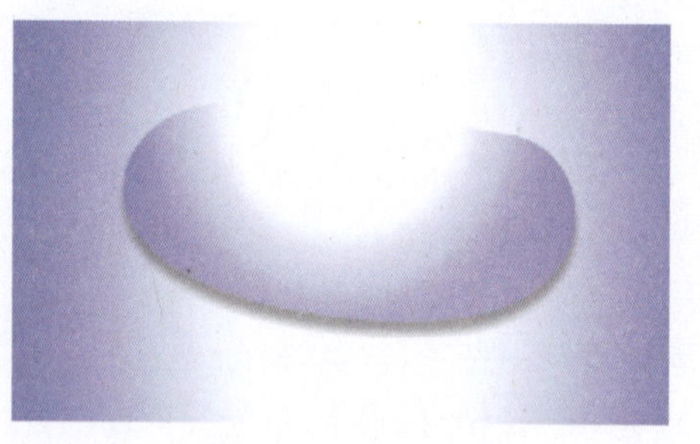

图9-3-14 “投影” 效果

step 6 接着在对话框左侧启用“内阴影”复选框，设置其参数如图9-3-15所示，阴影颜色设为浅蓝色，参考色值为：C50、M28、Y0、K0。从图像预览效果中，可以看出水滴内部出现了一层蓝色的阴影，形成一定立体感，效果如图9-3-16所示。

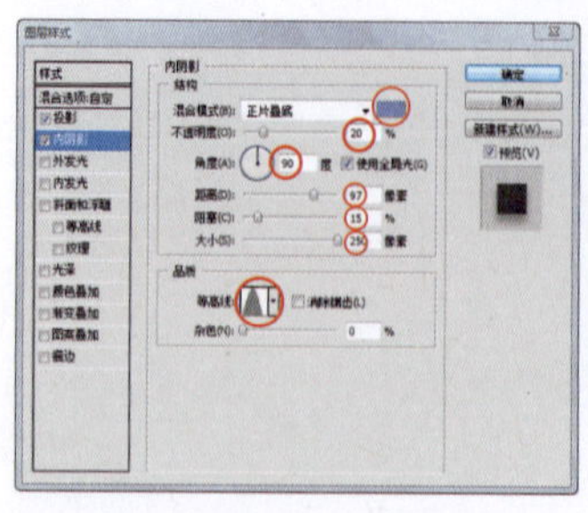

图9-3-15 “内阴影” 参数

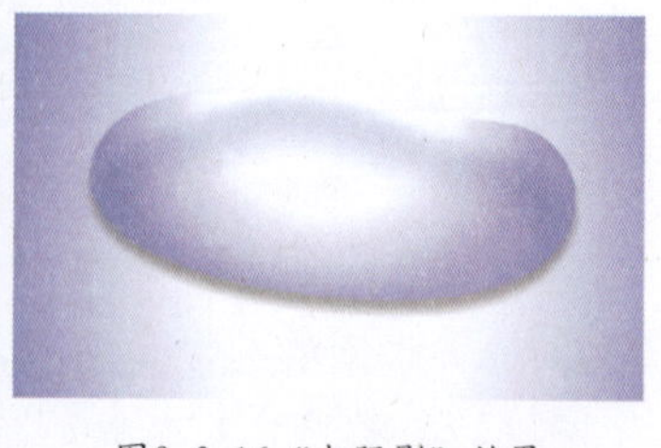

图9-3-16 “内阴影” 效果

step7 接着在对话框左侧启用“内发光”复选框，设置其参数如图9-3-17所示，颜色选择一种深蓝色（参考色值为：C80、M85、Y0、K0）。从图像预览效果中，可见大水滴内壁边缘多了一层深蓝色的光晕，如图9-3-18所示。

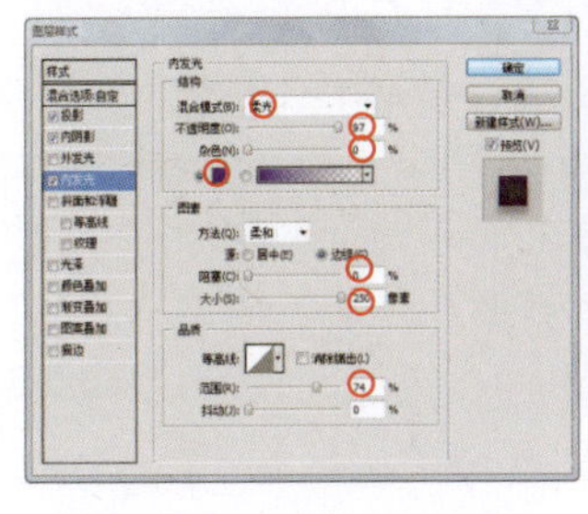

图9-3-17 “内发光” 参数

图9-3-18 “内发光” 效果

step8 接着在对话框左侧启用“斜面和浮雕”复选框，设置其参数如图9-3-19所示，可见大水滴上部有了更加明显的高光效果，整个立体感也比较突出，如图9-3-20所示。至此，大水滴基本制作完成。

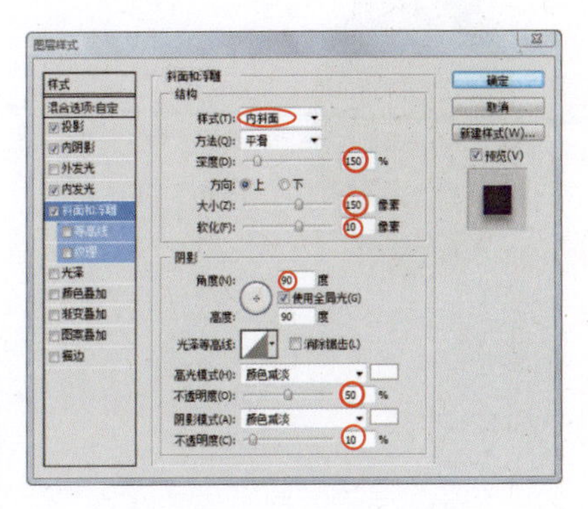

图9-3-19 “斜面和浮雕” 参数

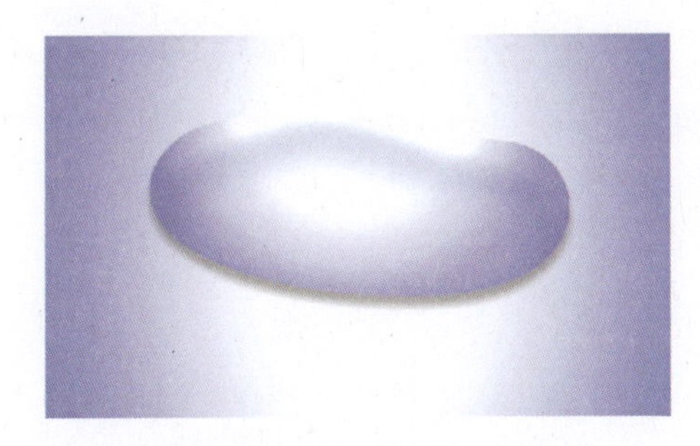

图9-3-20 “斜面和浮雕” 效果

step9 打开配套光盘中提供的素材文件“婴儿.psd”，将其中婴儿图像复制并粘贴到刚才做好的大水滴位置处，调整婴儿大小与水滴角度，使婴儿仿佛是平稳安适地坐在轻盈的水滴之上，如图9-3-21所示。然后选择工具箱中的“橡皮擦工具”，并在其属性栏中设置参数，如图9-3-22所示，在婴儿上方涂抹，使其色调融为一体，如图9-3-23所示。

图9-3-22 “橡皮擦工具” 属性栏

图9-3-21将素材置于水滴上方

图9-3-23色调融为一体效果

step10 下面制作水滴作为主体元素四周重要的陪衬。首先在“图层”面板中新建一个图层，命名为“小水滴”，并填充为黑色，此时水滴图层后面出现了矢量蒙版层，如图9-3-24所示。

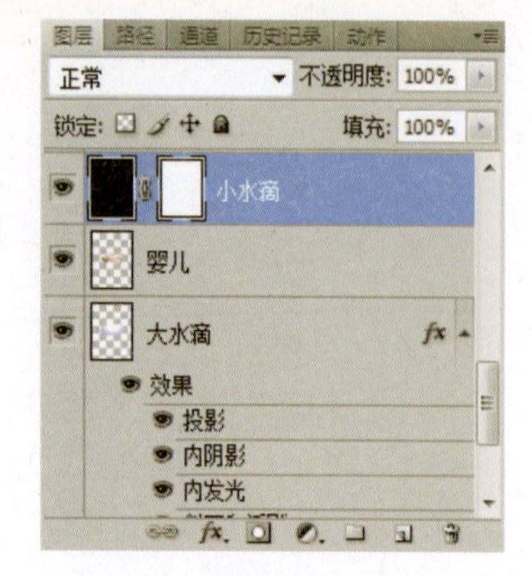

图9-3-24色调融为一体效果

step11 接着选择工具箱中的“钢笔工具”，在画面的右下方绘制一个类似椭圆形的闭合路径，可见闭合路径周围的背景色自动消失了，如图9-3-25所示。接下来，参照图9-3-26、图9-3-27、图9-3-28、图9-3-29所示给此图层添加“投影”“内阴影”“内发光”和“斜面和浮雕”图层样式，最后单击“确定”按钮，得到图9-3-30所示的透明水滴效果。

图9-3-25绘制椭圆形闭合路径

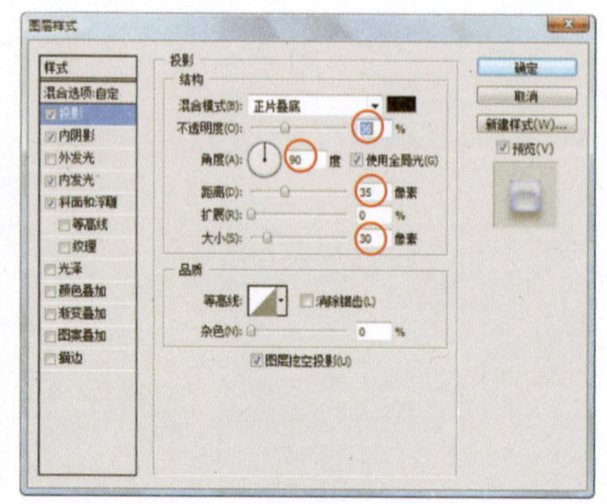
图9-3-26“投影”参数

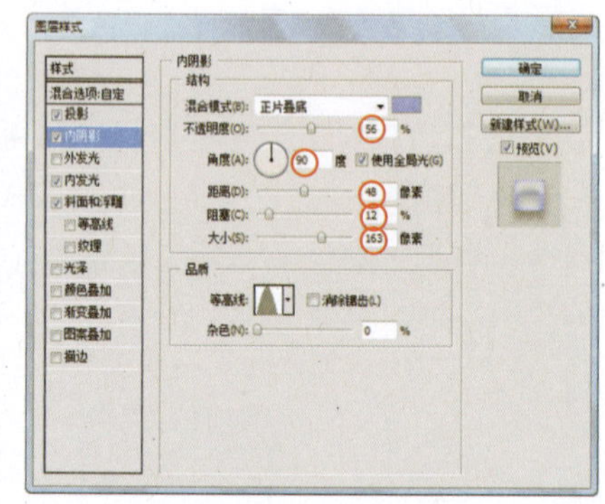
图9-3-27“内阴影”参数

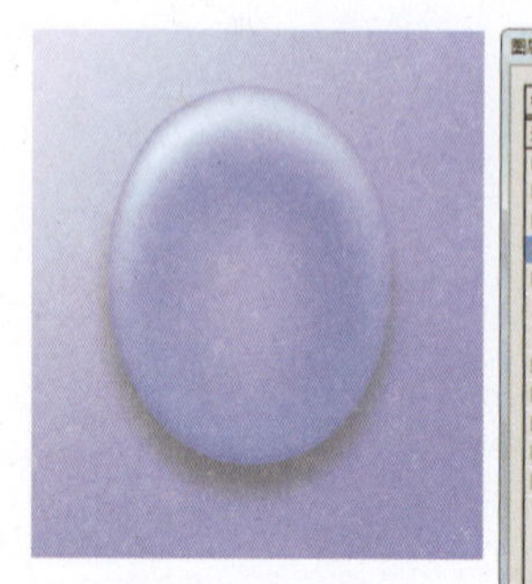
图9-3-30 添加图层样式后效果

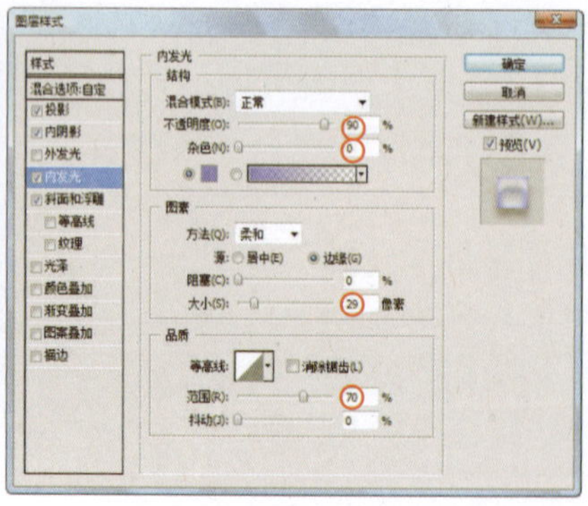
图9-3-28“内发光”参数

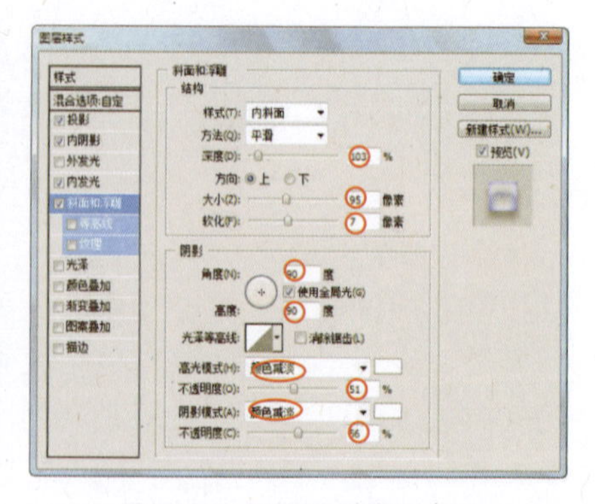
图9-3-29“斜面和浮雕”参数

step12 在水滴上添加两处小高光。选择工具箱中的“画笔工具”，在其属性栏中将颜色设为白色，其他参数参考图9-3-31，然后在小水滴的顶端和低端绘制两处白色光点，如图9-3-32所示，一个小水滴就完成了。

图9-3-31 “画笔”属性栏参数

图9-3-32水滴绘制高光后效果

step13 接下来进行小水滴的初步复制工作。首先选中“小水滴”图层和“小高光”图层，单击鼠标右键，在弹出的菜单中执行“合并图层”命令，如图9-3-33所示。将合并后的图层命名为“小水滴”。接下来，单击面板下方“创建新组”按钮，创建一个新图层组，并命名为“小水滴”，将“小水滴”图层拖入其中，如图9-3-34所示。

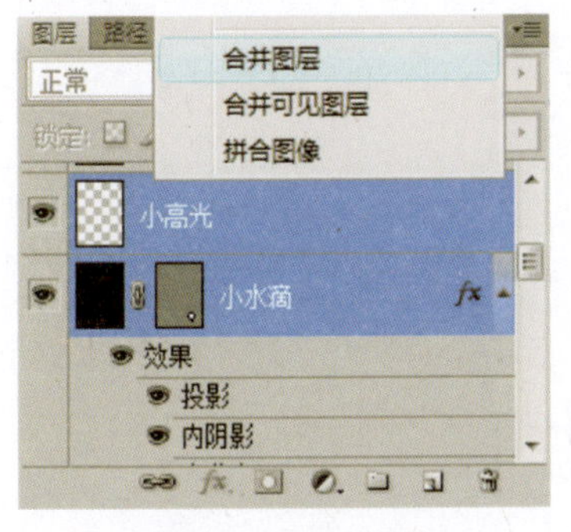

图9-3-33 合并图层

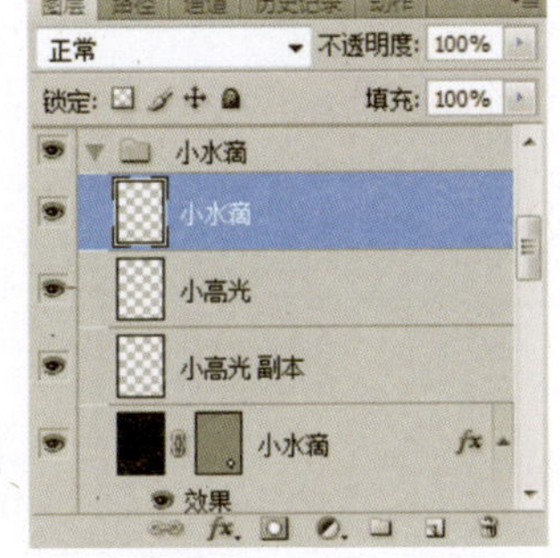

图9-3-34 建图层组

step14 选中“小水滴”图层，按住Alt键拖动鼠标，便会自动形成“小水滴”图层的副本；然后执行菜单栏中的“编辑”>“变换”>“变形”命令，可见小水滴上方出现了九宫格线框，此时用鼠标随意拖动九宫格的各个网格点，便可对小水滴的形状进行任意扭曲变换，如图9-3-35所示。变换完成后按Enter键，为了避免水滴形状千篇一律，用同样的方法复制出多个水滴，并逐一利用菜单栏中的“变形”命令使小水滴产生各种生动的变形效果，如图9-3-36所示。

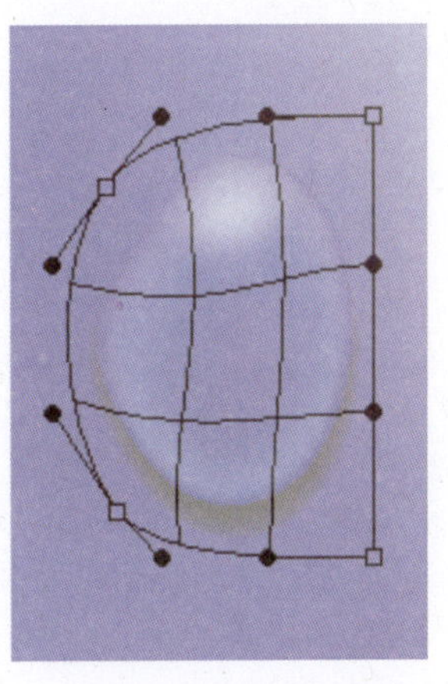

图9-3-35 拖动网点变换

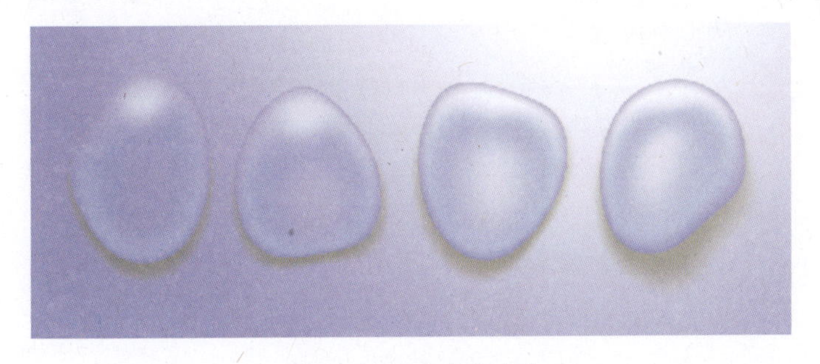

图9-3-36 形成各种造型

图9-3-37 水滴排列完成效果

step15 将这些形状各异的水滴进行散落的复制与编排，注意水滴在排列上要注意大小与疏密效果，根据主体形象的位置进一步调整背景的颜色渐变效果，使画面更加柔和，将人的视觉无形中集中在画面主体和文字上，如图9-3-37所示。

step16 最后给海报添加文字。选择工具箱中的“横排文字工具”，颜色设为深蓝色，在大水滴左边输入文字“Cherish life”“Cherish Water resources!”“please saving every drop Water!”，调整文字大小和大小写，广告完成后的整体效果如图9-3-38所示。

图9-3-38 最终完成效果

【总结归纳】

Photoshop的合成功能在图像处理中占有重要地位，制作广告海报、插画、壁纸等平面设计作品都会运用到合成的功能。合成并不是简单的拼凑，它需要运用各种素材，通过组织、处理、修饰、融合，得到新的设计作品，从而达到化腐朽为神奇或锦上添花的效果。因此读者需要在不断的实践中塑造较高的艺术修养，提高动手操作的能力。

参 考 文 献

[1] [美]Scott Kelby. Photoshop CS6 数码照片专业处理技法. 人民邮电出版社. 2013

[2] [美] 戴顿，[美] 吉莱斯皮. photoshop Wow!Book. 中国青年出版社 . 2011

[3] [美]Scott Kelby. Photoshop 七大核心技术. 人民邮电出版社 . 2008

[4] [美]Adobe 公司. Adobe Photoshop 中文版经典教程. 人民邮电出版社 . 2010